U0169177

这样护肤
才美丽

◎丁慧 著

全国百佳图书出版单位

中国中医药出版社

图书在版编目（CIP）数据

这样护肤才美丽 / 丁慧著 . — 北京：中国中医药
出版社，2022.8

ISBN 978-7-5132-7588-0

Ⅰ . ①这… Ⅱ . ①丁… Ⅲ . ①皮肤 - 护理 Ⅳ .

① TS974.11

中国版本图书馆 CIP 数据核字（2022）第 073541 号

中国中医药出版社出版

北京经济技术开发区科创十三街 31 号院二区 8 号楼

邮政编码 100176

传真 010-64405721

河北省武强县画业有限责任公司印刷

各地新华书店经销

开本 880×1230 1/32 印张 6.25 字数 140 千字

2022 年 8 月第 1 版 2022 年 8 月第 1 次印刷

书号 ISBN 978-7-5132-7588-0

定价 49.00 元

网址 www.cptcm.com

服 务 热 线 010-64405510

购 书 热 线 010-89535836

维 权 打 假 010-64405753

微信服务号 zgzyycbs

微商城网址 https://kdt.im/LIdUGr

官 方 微 博 http://e.weibo.com/cptcm

天猫旗舰店网址 https://zgzyycbs.tmall.com

序
PREFACE

随着生活节奏加快，熬夜、饮食不规律、过度护肤、环境等问题使年轻人更早地面对皮肤健康问题。调查发现，72％的中国人皮肤处于亚健康状态，而其中33％的原因在于不恰当地使用化妆品。由此可见，尽管精细化工技术革新发展，大众的皮肤并未因原料创新、配方升级而变得更好，与之相反，"问题皮肤人群"日益庞大。

不同于其他的皮肤疾病，皮肤亚健康问题在临床上暂未总结出标准化的干预策略。大多数皮肤科医生通过给患者内服、外用药物或使用现代医疗器械来抑制其炎症反应，虽然能达到暂时性缓解"红、痒、热、痛"的目的，但长远来看，该类方法仍有"治标不治本"之嫌。

对于皮肤的亚健康状态，本书的作者丁慧教授，具有丰富的教学、科研、临床经验。她带领其团队为皮肤亚健康提供了行之有效的解决方案，实现了对问题皮肤诊前、诊后的闭环管理。

本书凝聚了丁慧教授几十年的临床经验与护肤体会，是一本皮肤专业与科普知识并存的大众科普读物，特别适合"想要变美人群"了解科学的护肤方法，学习专业的护肤知识，使其避免落入化妆品使用误区之中。

　　本书展现了在功效性护肤品应用场景下，皮肤美容科学基础和临床应用的体系架构。把深奥的科学理论用通俗易懂的图文清晰地呈现出来，为大家提供易读、易操作的护肤科普图书，使护肤爱好者、皮肤美容从业人员、化妆品研发人员及皮肤科专业人士都能从中获益。

李利

2022 年夏于四川大学华西医院

前言
PREFACE

我从开始工作就跟皮肤打交道，到了快退休的年龄却发现患者的皮肤问题越来越多。患者都在频繁更换产品中不断试错。其实如果大家不了解皮肤的基本特征而盲目护肤，就很容易出问题。

写这本书的目的是为了能让大家更科学地护肤。护肤其实并没有大家想得那么简单，但也没有宣传得那么复杂。在本书中，我以基础护肤三部曲为大家讲述，皮肤应该如何清洁、保湿、防晒。

清洁主要是为了洗掉皮肤的分泌物、外界的污染物。

保湿就像给皮肤穿衣服，减少皮肤内水分的蒸发。

不同肌肤该如何选择防晒产品，以及其他大家普遍有疑惑的问题。

本书所讲的内容基于皮肤科学理论，是我三十多年美容专业教学和皮肤临床经验的积累总结，也是我这十几年来做护肤科普的心得体会。我尽量深入浅出地阐述皮肤科学中重要的基础知识、化妆品配方理论以及美容护肤的常见问题，纠正网络上错误和不严谨的护肤知识，提出我自己独特而有价值的观点，这本书将是大众美容护肤最适合的入门科普读本。

在此感谢所有帮助过此书制图、修订、校对的老师和同学们。感谢

许铭凤为此书设计大纲；感谢陈红、谢敏、麦舒敏为此书的内容进行编写；感谢陈嘉宜为此书创作的插画；感谢张程对本书的校订。

由于编写时间仓促，难免存在不足和疏漏，恳请读者积极指出，以便修订再版时提高。

丁 慧

2022 年春于广州中医药大学

目录
CONTENTS

清洁篇

你每天都洗脸吗？想想自己平时用什么洗脸？我们只要提到洗脸，首先想到的就是洗面奶。目前，洗面奶是应用最广泛的清洁类护肤品。但如果把这个问题抛给你们的妈妈或姥姥奶奶，她们给出的答案也许会完全不同。

在物资匮乏的年代，妈妈或姥姥奶奶们只用清水洗脸，没有清洁产品，更没有洁面刷。不保养除了有点儿显老以外，好像也没什么问题。看到这里你是否会纳闷，难道不该用洗面奶吗？到底怎么洗脸才是对的呢？

皮肤长年暴露在外界的环境中，污染物会附着在皮肤上。同时皮肤也会分泌汗液和油脂，这些代谢物会影响皮肤的健康和美观。所以皮肤清洁很重要，它是所有护肤动作的第一步，也是护肤的基础。但用什么清洁、如何清洁、清洁的步骤是什么？清洁的手法有哪些？怎样清洁才不伤害皮肤呢？你一直相信的清洁理念是对的吗？

现在，有很多人洗脸都存在误区，不知不觉地伤害着自己的皮肤。所以接下来，我将和你一起探讨如何科学清洁皮肤，以及如何避免这些误区。

皮肤清洁基础知识

为什么要清洁皮肤

说起人体最大的器官，你会想到什么？大脑、肠道、肺……其实，人体最大的器官是皮肤。皮肤是活体组织，它到底有多大呢？

皮肤的重量约占身体总重量的16%。直观地说，体重50kg的人，皮肤的重量约有8kg。假如把一个成年人的皮肤展开，面积有$1.5\sim2m^2$。

皮肤在人体的最外层，是将我们与外界环境隔开的天然屏障，它能维持人体体温的相对恒定。皮肤的最外层是皮脂膜，因为皮脂膜是与生俱来的，所以也被形象地比喻成"父母牌天然护肤品"。皮脂膜是由皮脂腺分泌的脂质与汗腺分泌的汗液乳化形成的，它覆盖在皮肤表面，是透明的弱酸性薄膜。因为皮肤表面留存着尿素、尿酸、盐分、乳酸、氨基酸、游离脂肪酸等酸性物质，所以皮肤的pH值为$4.5\sim6.5$，呈弱酸性。

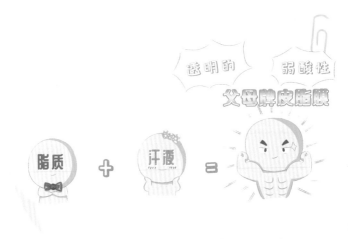

空气里飘浮的灰尘、细菌，加上皮肤自身生产的油脂、汗液和老化细胞堆积在皮肤表层时，会影响皮肤正常的生理功能，甚至引发皮肤感染、痤疮等问题。为了保护皮肤的正常功能和健康，我们要对皮肤进行日常清洁。

正确地清洁皮肤，可以清除表面污垢，保持皮肤的生理

和屏障功能；可以保持汗腺、皮脂腺通畅地排出分泌物，防止细菌感染；可以调节皮肤的pH值，保护皮肤健康。

如果用一句话概括清洁的重要性，那就是"护肤第一步，清洁要记住"。清洁皮肤是美容的基础，清洁做到位，才能谈论保湿、防晒、抗衰、美白等一系列皮肤管理问题。

但如今，面对各色各样的清洁产品，许多人使用洗脸刷，对自己的皮肤去角质、化学剥脱术（俗称"刷酸"）、深层清洁……殊不知，这些操作并不一定会使我们的皮肤变好。在清洁皮肤上，我们应该做"减法"，而不是做"加法"。但"减法"也不是不清洁，而是进行安全、有效、正确的清洁。

观点

护肤第一步，清洁要记住。

皮肤污垢到底是什么

每天洗脸已经成为我们日常生活必不可少的环节，清洁皮肤可以洗掉附着在皮肤表面的污垢。确保毛孔、皮肤和黏膜的正常生理功能。那么问题来了，皮肤污垢是什么？它每天都会产生吗？

皮肤污垢大体分为：内源性污垢和外源性污垢。

（1）内源性污垢

内源性污垢是人体自身分泌出来的，又可分为生理性污垢和病理性污垢。

生理性污垢是人体分泌和排泄的代谢物，主要包括尿酸、老化脱落的细胞、皮脂、汗液、黏膜和分泌物，等等。其中，"痘痘"的产生就与皮脂过多有很大的关系。但适量的皮脂与汗腺混合在一起形成的皮脂膜是皮肤屏障的重要组成部分，能够起到保护皮肤的作用。

病理性污垢包括皮肤病患者的鳞屑、脓液、结痂等，是人体患某种疾病时出现的一些症状体征。

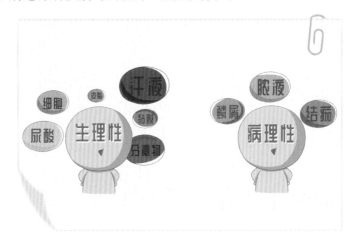

（2）外源性污垢

外源性污垢来自外界，比如微生物、环境污染物、化妆品和外用药物的残留物，等等。其中，微生物可以维持皮肤的微生态平衡，是皮肤免疫功能中的一环。一方面，微生物屏障紊乱时，会诱发皮肤问题。另一方面，微生物也是皮肤污垢的组成之一，某些微生物过多可能导致皮肤疾病。

· 微生物
· 环境污染物
· 化妆品和外用
  药物残留物

以前化妆品的使用还未普及，自然环境也相对更好一些，所以妈妈和姥姥奶奶们主要清洁的是内源性污垢。现在，随着汽车以及建筑的灰尘的增多，外源性污垢导致的皮肤问题占了更大的比例。

观点

　　皮肤的新陈代谢无时无刻不在进行着，我们的部分皮肤暴露在外界环境中，内源性污垢和外源性污垢每天都在产生，并附着在我们的皮肤表面。所以，皮肤清洁是日常生活必不可少的环节。使皮肤保持清洁状态，也是保障皮肤健康的根本。

清洁产品是如何洗掉污垢的

刷碗的洗洁精里含有大量的表面活性剂，这些表面活性剂能把两种本来不相容的物质融合在一起，所以能轻松地把碗上的油洗干净。洗脸用的洗面奶，主要成分也是表面活性剂。

表面活性剂的分子结构很复杂，有固定的亲水亲油的基团，在溶液的表面定向排列。通俗地说，其功效就是表面活性剂能降低水和油的表面张力，使水和油之间变得容易连接，从而使"油水相融"。碗上的油脂和污垢，经过表面活性剂的"融合"，能很容易被冲洗掉。

如何辨别清洁产品的类型

要想辨别清洁产品的类型，就要谈谈表面活性剂的成分了。表面活性剂有两大类，一种是皂基类表面活性剂，另一种是合成类表面活性剂。

（1）皂基类表面活性剂

皂基是最古老、最广泛、最常见的清洁产品。带有"皂"字的成分基本属于皂基类，比如香皂、肥皂、手工皂，还有添加了皂基成分的洗衣液、洗手液，等等。如果一款清洁产品的成分表中排名很靠前的成分是月桂酸、硬脂酸、豆蔻酸、棕榈酸和氢氧化钠（NaOH）、氢氧化钾（KOH）等，就可以认定是皂基类清洁产品。皂基是碱性的，去污力强，适用在洗洁精、洗衣液里，但如果用来洗脸，就容易把皮脂膜一起洗掉。皮脂膜缺失，会加剧皮肤水分流失，增加皮肤pH值，破坏皮肤屏障功能，所以现在皂基类的洗面奶逐渐被舍弃。

尽管如此，还是有很多人不知道皂基对皮肤的伤害，这使得一些商家有利可图，大肆宣传使用手工洗脸皂不会伤害皮肤，并且强调"无碱不成皂"。用皂基制成的洗脸皂碱性很强，对皮肤有一定的损害，所以不建议使用。

（2）合成类表面活性剂

合成类表面活性剂的清洁力比较温和，对皮肤刺激较小，有很好的亲肤性。这类清洁产品通过乳化和包裹来清洁皮肤，再配合洗面奶里添加的保湿剂，可以减轻表面活性剂对皮肤的伤害。合成类表面活性剂主要包括5种：阴离子表面活性剂、阳离子表面活性剂、两性离子表面活性剂、非离子表面活性剂、硅酮类表面活性剂。其中阴离子表面活性剂对皮肤的刺激最大，两性离子表面活性剂和非离子表面活性剂对皮肤的刺激最小。

阴离子表面活性剂的主要代表是氨基酸洗面奶，氨基酸洗面奶本身呈弱酸性，与皮肤的pH值相符，所以适合日常清洁使用，但因阴离子表面活性剂刺激性相对较大，"敏感肌"不建议使用。对于氨基酸洗面奶的辨别，最简单的方法是看成分表，排名很靠前的成分是"月桂酰（椰油酰、硬脂酰、棕榈酰）+氨基酸（赖氨酸、谷氨酸）+钠或钾＝月桂酰肌氨酸"的

组合，就是含有氨基酸表面活性剂的洗面奶，正常肤质可以使用。

除了阴离子表面活性剂外，以非离子表面活性剂为主的洗面奶与皮肤分泌的油脂有很好的结合能力，所以清洁力也很不错，可以满足日常清洁需求。这种类型的洗面奶成分表为"月桂基（肉豆蔻基、辛基、癸基）+葡萄苷=月桂基葡萄苷"。

含有两性离子表面活性剂的洗面奶刺激性很低，最为温和，成本相对较高，所以市面上这类洗面奶较少，比如"月桂基甜菜碱、月桂酰胺丙基甜菜碱、椰油酰胺丙基甜菜碱"等都是两性离子表面活性剂洗面奶比较常见的成分。如果皮肤比较脆弱，容易敏感，可以选择此类洗面奶。

观点

选择一款合适自己的洗面奶，首先要排除皂类清洁产品。如果你的皮肤比较健康，可以选择氨基酸洗面奶清洁皮肤。如果你的皮肤较为敏感，可以选择含有两性离子或非离子的洗面奶，不过这类洗面奶的价格相对也会高一些。

什么是过度清洁

很多人洗脸追求"干、薄、透、爽"的感觉。但凡事都过犹不及，例如按时吃饭是好习惯，但吃太多会给胃带来负担；

（1）使用清洁能力过强的清洁产品

皂基是最常见的表面活性剂，pH值在7以上，而皮肤的pH值在4.5～6.5，所以用强碱性的洗面奶清洁皮肤，就会不断地让皮肤和洗面奶"酸碱中和"，这种"化学反应"对皮肤有很强的刺激。使用控油祛痘的洗面奶会把皮肤表面的水分和油脂都带走，皮肤收到"我很干燥"的信号会分泌更多的油脂滋润皮肤，皮肤就会"越洗越油"。

（2）使用错误的洁面工具

洁面仪、洁面刷、磨砂膏等都是洁面工具。如果说用皂基洁面对皮肤产生的是化学刺激，那洁面工具对皮肤产生的是物理刺激。强力的物理摩擦会直接破坏皮肤的屏障，导致皮肤

及时喝水是好习惯，但喝很热的水会影响食道的健康。同样，洗脸也是好习惯，但洗得太干净、太频繁会伤害皮肤。

下面三种情况属于过度清洁。

泛红、发痒、发烫等。皮肤很娇嫩，不建议使用除纯棉毛巾外的任何清洁工具进行清洁，你的脸也没有想象中那么脏。

（3）过于频繁地洗脸

整洁的仪容确实能给人带来好印象，但过于频繁地洗脸同样会伤害皮肤。使用温和的清洁产品，一天清洁一到两次就足够了。

皮肤有哪些屏障

（1）脂质屏障——皮脂膜

皮脂膜是覆盖在皮肤表面的一层透明的弱酸性薄膜，也是皮肤的最外层防线。当油脂被全部洗去，皮脂腺就会"意识"到皮肤缺乏保护，从而更多、更快地分泌油脂。"油皮痘痘"大多数是被这样洗出来的。

还有一些人皮脂腺不发达，保护皮肤的油脂分泌得过少，皮肤长时间暴露在空气中或经常使用刺激性成分的清洁、护肤产品，久而久之会引起皮肤敏感、红肿痒热痛等问题。

（2）"砖墙屏障"——角质层

角质层主要由角质细胞和细胞间质构成，角质细胞呈"砖块结构"，细胞间质呈"灰浆结构"，两者加起来形成牢固的"砖墙结构"。角质层能保证皮肤内水分不丢失，抵御外界刺激。过度清洁会带走角质细胞间的脂质成分，使皮肤抵御外界刺激的能力减弱，容易干燥、长细纹，甚至会出现红血丝等敏感状况。

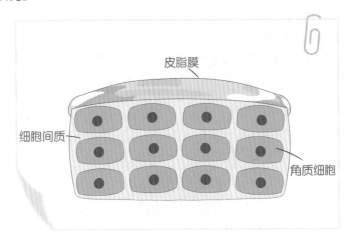

（3）微生物屏障——菌群部落

皮肤上有很多微生物，包括细菌、真菌、病毒、衣原体，等等。这些微生物与皮肤表面的组织、细胞及各种分泌物共同组成一个微生态系统。不用担心这些微生物是否会对皮肤造成不良影响，这些在健康皮肤上"定居"的微生物各自分成了很多"部落"，互相依赖制约，形成一个稳定平衡的状态。这些微生物可以调控皮肤角质，分泌抗菌肽，分解角质细胞的碎屑脂质，维持皮肤弱酸性环境，间接调节机体免疫反应，维持皮肤组织结构。

如果微生物屏障受损失调，一样会带来十分麻烦的后果。健康的皮肤处于弱酸性状态，对抑制有害菌群生长很有帮助。但过度清洁时，皮肤的pH值上升，皮肤微生态系统失衡。举例来说，金黄色葡萄球菌最适生长的pH值是7.5，痤疮丙酸杆菌最适生长的pH值是6.3，糠秕马拉色菌在pH值6.5下会产生更多变应原。这时微生态系统就会失衡，有害的菌群会大量生成，诱发"痘痘"、黄褐斑、皮肤感染等。

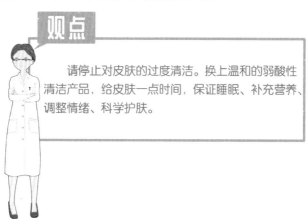

观点

请停止对皮肤的过度清洁。换上温和的弱酸性清洁产品，给皮肤一点时间，保证睡眠、补充营养、调整情绪、科学护肤。

哪些是清洁类护肤品

你了解护肤品吗？洗面奶、爽肤水、乳液、精华、眼霜、面霜、面膜，哪些属于清洁类护肤品呢？

　　清洁类护肤品是指能够去除污垢、洁净皮肤，同时具有安全性、不会刺激皮肤的化妆品。它可以通过湿润、渗透、乳化、分散等多种方法使污垢脱离皮肤。污垢经过充分的乳化增容后，再用水冲洗，达到安全清洁皮肤的目的。

　　洗面奶属于清洁类护肤品。洗面奶、洁面膏、洁面乳、洁面露的成分基本大同小异，只是做成了不同的质地，根据不同的肤质、气候、季节和个人喜好，让消费者有更多的选择。洗面奶的主要成分是表面活性剂，一款好的洗面奶既能清洁皮肤，又能保护皮肤不受刺激。也就是说，好的洗面奶会根据皮肤的生理特性设计成分配方。人的皮肤呈弱酸性，为了在清洁时不伤害皮肤，洗面奶也应该是弱酸性的。

- 洗面奶
- 洁面膏
- 洁面乳
- 洁面露

洗脸前　　　　　　　洗脸后

　　卸妆产品也属于清洁类护肤品，它们的清洁力比洗面奶要强很多，可以带走洗面奶洗不掉的彩妆，但是卸妆产品对皮肤刺激很强，伤害更大。

观点

爽肤水和面膜也是清洁类护肤品。爽肤水的主要作用是二次清洁，平衡皮肤的pH值。面膜的主要作用是软化皮肤的角质层，带走皮肤表面多余的油脂。所以，使用爽肤水和面膜都是在为后续的护肤做准备。

如何挑选清洁产品

面对各种各样清洁产品应该如何选择呢？如果我们不是皮肤科医生，也没有专业知识储备，很难判断一款产品的好坏，也不知道什么样的产品适合自己。所以大多数人会听取朋友的推荐，或者看看产品的销售排名，并以这些因素作为购买

产品的重要参考指标。

只是有些消费者把产品买来之后发现用起来效果十分一般。这是产品的问题，还是产品并不适合自己呢？挑选合适自己的产品有四个原则。

（1）看包装

清洁产品的外观一定要规范、环保，避免购买包装简陋、有刺激性气味的产品。好的清洁产品涂在皮肤上能轻松抹开，没有阻滞感。

（2）看功效

清洁产品的主要成分是表面活性剂，目的就是清洁皮肤、带走污垢。虽然清洁产品中也可以添加美白等成分，但这些成分在皮肤上停留的时间很短，通常只有1～2分钟，并且最后还会被水冲洗干净，美白成分很难发挥作用。另外，具有美白、去角质功效的清洁产品通常会添加一定浓度的果酸或水杨酸来帮助软化角质、剥脱老废角质，具有一定刺激性，所以不建议日常使用。

（3）呈弱酸性

人体皮肤是弱酸性的，pH值为4.5～6.5，所以我们使用的清洁产品最好也是弱酸性的，这样才能对皮肤屏障损伤小，对局部菌群影响小。

（4）用后不干燥、不紧绷

很多人认为洗脸后有干燥、紧绷的感觉是洗得干净的表现。但实际上干燥和紧绷意味着清洁产品对皮肤比较刺激，如果清洁产品使用后有疼痛炙热的感觉，说明刺激的程度已经非常严重。所以，一款好的清洁产品在清洁的同时不会刺激皮肤，洗完脸后皮肤像涂了乳液般润滑。

"清洁三温原则"

洗面奶属于清洁类化妆品，目的是清除皮肤上的污垢，使皮肤清爽，保持皮肤的正常生理状态。皮肤清洁，才是皮肤护理的必需操作。

如何才能正确地清洁皮肤呢？这里就要谈到清洁皮肤的介质了。清洁皮肤的介质是指洗脸过程中需要用到的东西，通过这些介质，完成清洁动作。清洁皮肤的介质包括水、手/纯棉毛巾、洗面奶。

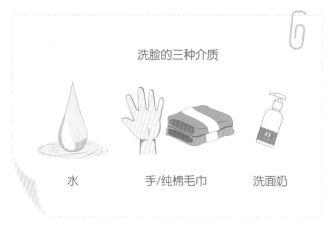

洗脸的三种介质

水　　　　手/纯棉毛巾　　　　洗面奶

洗脸一定要用温水。举个例子，当你洗碗时，温水比冷水更容易带走油渍。洗脸也一样，温水更容易带走皮肤的污垢和

油脂。此外，你可以用纯棉毛巾轻轻擦拭皮肤。纯棉毛巾是绝佳的清洁介质，比手更容易带皮肤上的污垢。但需要注意的是，擦拭动作要轻柔。如果T区和U区油脂分泌较多，可重点擦拭。脸颊部位的皮肤较薄，油脂分泌较少，所以只需轻轻带过。

用温水＋纯棉毛巾洁面是最简单、也是最安全有效的方法。水的温度接近体温即可，就是用手感觉不凉，也不热的状态。过凉的水洁净力不够且比较刺激，过热的水又会破坏皮肤屏障，刺激毛细血管扩张诱发"红血丝"。

如果皮肤污垢和油脂较多，应尽量使用弱酸性的清洁产品。因为使用温和、不刺激、弱酸性的清洁产品更容易保护皮肤屏障。所以，避免使用皂基类清洁产品洗脸。另外，在购买洗面奶时，如果看到含有氢氧化钠、氢氧化钾、月桂类、醇醚硫酸盐、椰酸、肉豆蔻酸等碱性成分，最好也"避而远之"。

如何用洗面奶洗脸呢?

眼窝
鼻窝
下颌角
发际线
耳周
口周

首先用温水打湿面部,再取适量的洗面奶均匀地涂抹到纯棉毛巾上,轻轻地在脸上打圈。重点在T区、口周、眼窝、下颌角等位置擦拭,脸颊处轻轻带过,避免过度清洁。清水冲洗后,检查一下发际线、耳周是否残留洗面奶。洗完后,用纯棉毛巾将脸上多余的水分蘸干,最后涂抹水乳进行保湿。

观点

洗脸不仅需要洗面奶,还需要水和纯棉毛巾。这就是"清洁三温原则",即流动的温水、温和的清洁产品、温柔的洗脸动作及纯棉毛巾。

不同的皮肤类型该如何选择洗面奶

有些人觉得洗面奶就要用泡沫的，泡沫越多洗得越干净。其实是否能把脸洗干净并不是根据有没有泡沫、泡沫的多少决定的，应该根据自身的肤质选择适合的洗面奶和清洁方式。

根据皮肤性质，洗面奶大致分为两类：温和型和清透型。温和型洗面奶表面活性剂含量少，通常为无泡或低泡，刺激性小。清透型洗面奶配方中油脂含量少，表面活性剂较多，泡沫丰富，洗完后会皮肤比较干爽，但刺激性大。所以泡沫的多少能看出洗面奶清洁力的强弱，泡沫越丰富，说明清洁力越强；泡沫越少，说明清洁力越温和。

洗面奶应该选择泡沫多的，还是泡沫少的呢？具体问题还需具体分析，首先要知道自己是哪种肤质，才能选对适合自己的清洁产品。

如果你是干性皮肤或中性皮肤，皮肤处于缺水、缺油的状态时，表皮层的含水量通常会低于10%，皮肤会感到干燥紧绷，冬天还会觉得刺痛、产生皮屑，所以在清洁时洗面奶可用可不用；如果一定要使用洗面奶，可选择偏温和、清洁力低的无泡或低泡洗面奶，1天洗脸1次即可。

如果你是油性皮肤，并且有黑头、"痘痘"、毛孔粗大等问题，那么一定要适度清洁。建议用弱酸性的、少泡沫的洗面奶，每天洗脸1~2次，谨记"清洁三温原则"。

如果你是混合性皮肤，即U区（脸颊）比较脆弱，容易损伤，而T区（额头、鼻部）又容易泛油长痘、毛孔粗大，这种类型的皮肤要根据区域分开护理。在油性的T区，可以用纯棉毛巾蘸取适量洗面奶温和清洁，而干性的U区轻轻带过即可。

观点

到底选择无泡沫还是少泡沫的洗面奶，要根据自己的肤质来判断，不可盲目跟风。此外，如果你是"敏感肌"或者有严重的皮肤问题，在洗面奶的选择上请咨询专业医生。

早晚洗脸有区别吗

一般情况下，我们都会早晚清洁面部两次，分别是早上起床后和晚上睡觉前。但早晚洗脸是要区别对待的，概括来说就是"早温水，晚洁面"。

其原理不难理解，我们在外活动一整天，接触各种灰尘、杂质等污垢，再加上皮肤新陈代谢的产物，有些女性还化妆，面部比较脏，晚上应使用洗面奶洗脸。而早上起床后，经过一晚的休息和修复，脸上皮肤相对干净，只用温水配合纯棉毛巾，简单的清水冲洗就可以了。

但如果你是"大油田"或者"敏感肌"，就另当别论了。"大油田"因为出油较多，皮肤容易黏附污垢，所以早晨起来可以使用少量洗面奶清洁面部。而"敏感肌"更为脆弱，早晚仅用清水洗脸，或者用温和的爽肤水清洁皮肤即可。

各种特殊肤质有自己的清洁方式，要学会从皮肤的生理特性出发，根据自己的皮肤状态进行科学的清洁。"早温水，晚洁面"，这六字口诀可以记下来。

如何正确看待和使用面膜

很多女性热衷敷面膜，觉得面膜是护肤的"万金油"。但是真的如此吗？面膜可以天天敷吗？面膜到底会不会让人变美呢？

面膜对皮肤的养护有一定的功效，但并没有广告中描述得那么夸张，所以不建议天天敷。试想一下，一天两张，一年敷700多张面膜，皮肤是吃不消的。面膜敷多了，会让皮肤过度水合，出现过敏、发黄、泛红、刺痛等问题。

面膜的主要作用是清透皮肤、它能滋润表皮、软化角质，加速角质上皮细胞（死皮）的代谢，可以给皮肤彻底"洗个澡"。与其说面膜能补水保湿，不如说面膜的清洁功效更突出。在一些国家，面膜作为清洁产品销售，跟洗面奶放在一起。

面膜清洁的原理是通过在脸上覆盖一层贴附性和密闭性较好的膜，短时间内使皮肤温度升高，毛孔张开，达到暂时增

加角质层含水量的目的。皮肤的含水量提高了，让一些较为粗糙的角质层鳞屑互相贴附，会有皮肤瞬间变好的"错觉"。但随着时间的推移，皮肤裸露在空气里，水分逐渐蒸发，皮肤又会被"打回原形"。

高频次使用面膜会彻底清洁皮肤角质层，把新旧角质细胞一起剥脱，造成皮肤屏障受损。各种微生物、灰尘污垢就会趁机进入毛囊，引发皮炎，或者皮肤受到刺激导致过敏。比如手长时间泡在水里，手指不仅没有肿胀，反而会脱水皱起来。皮肤中的脂质成分，比如神经酰胺、游离脂肪酸、胆固醇具有亲水极和亲脂极，它们在角质细胞间和周边自动排列成双分子层，形成防止水和大多数物质进出表皮时所必经的机械性屏障，此屏障不仅能够防止体内水分和电解质的流失，还能阻止有害物质的入侵，有助于机体内稳态的维持。其实不仅是面膜，过度使用"补水类"的产品，也会破坏皮肤原本的屏障。真皮层的水分无法保持住，皮肤就会发干或者变油，严重者还会引发水合性皮炎、敏感性皮炎等。

所以面膜不能天天敷，而敷面膜的频次是由皮肤类型决定的。

油性皮肤可以每周敷一次面膜，一次15分钟左右；干性皮肤可以十天或半个月敷一次面膜，一次10分钟左右。敷面膜的时间也不是越久越好。许多人觉得要把面膜液敷干了，皮肤才可以充分吸收水分，这是绝对错误的观念。面膜液敷干了意味着水分已经蒸发，皮肤细胞内的水分也会一并带走，不仅白敷面膜，还会损伤皮肤。而且皮肤长时间处在密闭的环境里很容易引起敏感问题，有些人敷完面膜感觉脸上烫烫的就是这个原因。"敏感肌"人群，可以在专业医生的指导下使用具有修复功能的面膜。撕拉式的面膜不管是哪种类型的皮肤都不建议使用，因为它会对皮肤和毛孔造成不可逆的损伤。敷完面膜后一定要用清水洗掉面膜液，之后再进行后续的护肤步骤。

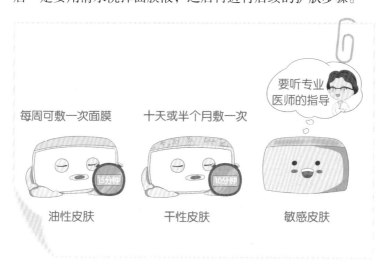

要听专业医师的指导

每周可敷一次面膜　　　十天或半个月敷一次

15分钟　　　　　　　10分钟

油性皮肤　　　　　　干性皮肤　　　　　　敏感皮肤

总而言之，面膜不仅可以软化角质层，清洁皮肤，加速皮肤代谢，还可以短暂地补充角质层水分，辅助后续的护肤动作。有些医用面膜还富含修复成分，比如寡肽、神经酰胺，可以辅助修复皮肤问题。

面膜并没有传说中那么神奇，也不需要每天使用。选用成分安全的面膜，理性科学地对待，否则就不是"面膜"，而是"面魔"了。

皮肤需要深层清洁吗

有些导购把肤色暗沉、长斑长痘、粉刺黑头、皮肤油腻等归结为没有给皮肤做深层清洁，然后顺势推荐各种具有"深层清洁"功效的洗面奶、面膜，等等。如果遇见这种情况，就要小心了，想想看，当你去正规医院看皮肤科的时候，会有医生让你对皮肤进行"深层清洁"吗？

事实上，在皮肤学里不存在"深层清洁"这一说法，它是一个伪概念，是被商业炒作的一个名词，目前没有科学依据证明皮肤需要深层清洁。"深层清洁"听起来好像可以清洁到皮肤里面，但实际上没有任何一款产品能够清洁到毛囊根部，更别说清洁到真皮层、皮下组织了，皮肤也不能这样清洁。

　　皮肤的表皮层主要由角质细胞构成，角质细胞有自己的代谢周期。角质细胞从基底层生长到最外层的角质层，再到自然脱落，通常需要28～45天，这个周期称为"皮肤角质细胞代谢周期"。健康的皮肤会自己代谢，角质层会随着代谢周期自行脱落与更新，或快或慢，因人而异。所以对于普通人来说，深层清洁并不科学，也没必要。

皮肤油腻、毛孔粗大、　　　　皮肤敏感、外干内湿、
　　粉刺痘痘　　　　　　　　　红血丝及色斑

　　"深层清洁强调对皮肤表面污垢的清洁能力，强力清洁可以改善肤色暗沉、长斑长痘、粉刺黑头、皮肤油腻……"这样的说法更是大错特错。长期进行"深层清洁"，一会导致皮脂腺越来越强大，引发皮肤油腻、毛孔粗大、粉刺等皮肤问题；二会导致皮肤角质层进一步受损，影响其生理功能和屏障功能，出现皮肤敏感、外干内湿、红血丝以及色斑等皮肤问题。

观点

皮肤的表皮层厚度只有0.07~1.5mm，在这么薄的表皮上清洁，一条纯棉毛巾加上温和的弱酸性洗面奶就足够了。皮肤并没有想象中那么脏，所以不要再相信"深层清洁"，别等皮肤变成"敏感肌"再后悔。

化了妆就一定要卸妆吗

化妆后需不需要卸妆要根据你的妆容而定。

淡妆

浓妆

如果你只化了淡妆或只涂了粉底液，在保湿护肤做得好的前提下，是可以不用卸妆的。因为皮肤有乳液打底，乳液的配方体系易溶于水，所以只需温和的弱酸性洗面奶就可将乳液表面的淡妆清洗干净，再配合爽肤水进行二次清洁，即便不用卸妆产品也会洗得干净，又不伤害皮肤。

如果你化了浓妆或使用了防水性较强的彩妆产品，如睫毛膏、眼影、眼线笔、超防水的防晒霜和粉底液等，就需要使用卸妆产品了，因为这些产品的成分不溶于水，难以清洁干净。

由此可见，如果用较温和的洗面奶可以洗干净皮肤，就不要用清洁力强的卸妆产品，避免对皮肤产生更大的伤害。很多人用完卸妆产品后再进行清洁，这也是不对的。因为卸妆产品中的阴离子表面活性剂可以带走皮肤的脂质成分，导致皮脂膜锁水能力下降，皮肤经皮水分丢失率增加，造成皮肤屏障功能受损，而卸完妆再清洁会加速皮肤受损。

现在还有一种卸妆和洁面一步到位的清洁产品也是不推荐的。无论是哪种卸妆产品，只要有卸妆的功效，能够洗掉浓妆，就不可避免地对皮肤造成伤害。所以，没有特殊需求时，不建议频繁地化浓妆、卸妆。

观点

大部分防晒霜中的成分既亲水又亲油，洗面奶就可以清洗干净。因此普通防晒霜是不需要用卸妆产品进行清洁的。但如果你使用的是防水型防晒霜，里面有防水成分，洁面时就必须配合卸妆产品进行清洗了。

卸妆水、卸妆乳、卸妆膏和卸妆油的区别在哪，该如何选择

虽然皮肤科医生不建议经常化妆、卸妆，但是还是要和大家说一说卸妆水、卸妆乳、卸妆膏和卸妆油的区别。

卸妆水：卸妆水通过非水溶性成分与皮肤上的油脂、污垢、彩妆结合，达到快速卸妆的目的，所以卸妆水要搭配化妆棉一起使用。卸妆水相对其他卸妆产品更温和，可以快速卸妆，适合简单化妆、卸妆的女性使用。

卸妆乳：卸妆乳类似乳液，质地较厚。用手取适量的卸妆乳在化妆部位不停地打圈，将彩妆全部溶解掉，然后用湿的化妆棉将被溶解的彩妆擦干净，最后用弱酸性洗面奶洗掉残留在脸上的表面活性剂。卸妆乳的清洁能力适中，适合用于使用非持久型粉底液、腮红、眼影等化妆人群。

卸妆膏：卸妆膏呈膏状质地，清洁能力较强，但使用感欠佳，很难涂抹开。取适量卸妆膏涂抹全脸，用指腹进行打圈，彩妆溶解后用水冲洗即可。

卸妆油：卸妆油是一种加了乳化剂的油脂，卸妆原理是"以油除油"。将适量卸妆油涂抹到脸上、打圈，可以使彩妆油污与卸妆油快速融合。卸妆油卸妆力度很强、很彻底，适合卸浓妆油彩。比如戏曲从业者画脸谱后，就需要用卸妆油来清洗颜料。卸妆油不适合普通大众日常卸妆，过于损伤皮肤。

以上提到的卸妆产品，根据卸妆强度划分，卸妆水最弱，卸妆油最强。但这些卸妆产品都比温和的弱酸性清洁产品的清洁力度强，所以要根据自己的肤质和化妆的程度挑选合适自己的卸妆产品。如果持淡妆，可以使用卸妆水；如果皮肤偏干，可以使用卸妆乳；如果彩妆较重，可以使用卸妆膏和卸妆油。

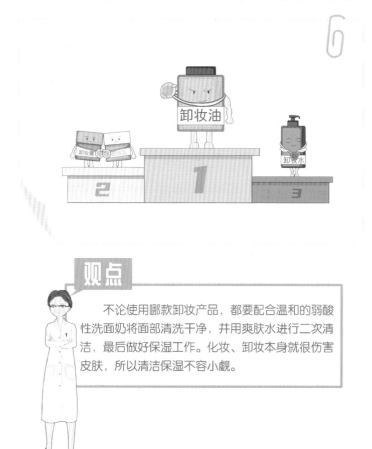

观点

不论使用哪款卸妆产品，都要配合温和的弱酸性洗面奶将面部清洗干净，并用爽肤水进行二次清洁，最后做好保湿工作。化妆、卸妆本身就很伤害皮肤，所以清洁保湿不容小觑。

洗脸后需要擦干水分吗

有的人洗完脸任由水在脸上慢慢风干，有的人还在脸上拍一拍，以为这样就能给皮肤补水，可以省下爽肤水了，实际上这种想法上大错特错。洗完脸不擦干水分，不仅不能补水，还会使皮肤丢失更多的水分。

皮肤角质层吸收水分的能力不是恒定的，当外界湿度变高时，皮肤内外的水分浓度差距会缩小，皮肤角质细胞对水的吸收能力下降，对其他物质的吸收能力也会下降。

当皮肤上的水分自然蒸发时，表皮温度会下降，皮肤血管收缩，血行速度减慢，细胞缺失血液供给，含水量下降。自然风干也会蒸发掉皮肤角质细胞原有的水分，使皮肤变得更紧绷干燥，所以洗完脸后需要蘸干皮肤上的水分，注意这个动作是"蘸"，不是"擦"。

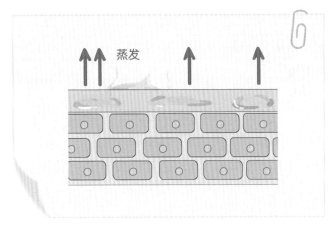

"蘸"的手法对皮肤的摩擦小，对皮肤的刺激也小，如果用力擦，对皮肤伤害较大。"敏感肌"在清洁时尤其要注意这一点。

观点

洗完脸后的正确做法是用纯棉毛巾蘸干水分，不能等水自然风干。

爽肤水的真实功效

洗完脸后，皮肤上可能还残留着洗面奶中的表面活性剂，还有自来水中的矿物质、漂白粉，这时可以使用爽肤水进行二次清洁，把皮肤的pH值平衡一下。也许很多朋友还没听过"二次清洁"这个词，但如果我问："使用爽肤水有必要吗？"很多朋友肯定不假思索地说："当然有，爽肤水可以给皮肤补水、保湿，收敛毛孔，更好上妆……"这些观点对吗？

（1）爽肤水不补水

"补水"在皮肤学里是个伪观念。因为外界的水分只能停留在皮肤的角质层，所以就能理解，为什么游完泳，皮肤反而皱皱巴巴，没有变成一个充满水的"肉球"。"冰川水""海洋水""矿泉水"都是去离子水，涂在皮肤上一样会被迅速被蒸发掉。

（2）爽肤水不保湿

有些爽肤水里会添加少量保湿剂，但水剂类的产品决定了它们不具有足够的保湿功效。"柔肤水""精华水"的黏稠感，其实是添加了增稠剂的原因。

（3）爽肤水收缩不了毛孔

毛孔的大小受先天因素影响较大，通常无法通过后天使用护肤品大幅度缩小。有的朋友会问："为什么我用了爽肤水后感觉毛孔变小了呢？"其实不管是洗脸，还是使用爽肤水、敷面膜、蒸脸，都是角质层受到了浸润，细胞充水扩张，排列变得紧密，使毛孔暂时性地缩小。如果不能对皮肤进行有效的保湿，水分蒸发后，毛孔就又会被"打回原形"。只有长期让皮肤处于不缺水的状态，才能有效改善毛孔粗大的问题。

爽肤水补不了水

爽肤水保不了湿

爽肤水收缩不了毛孔

我们必须了解爽肤水的真正功效，才能正确使用它。爽肤水的作用主要有三点：①对皮肤做二次清洁，带走面部残留的表面活性剂和污垢。②弱酸性爽肤水可以使皮肤恢复正常的pH值。③短时间内提高表皮含水量，辅助后续的保湿护肤动作。

所以，使用爽肤水是承上启下的护肤动作，爽肤水的真实功效不是补水，不是收敛毛孔，而是二次清洁。

很多朋友在使用爽肤水时，会把爽肤水倒在手上，然后对着脸拍一拍，直到觉得爽肤水全部被皮肤"吃进去"了。其实爽肤水并没有被皮肤吸收，拍打动作只是加速了水分的蒸发，你觉得爽肤水被皮肤吸收了，其实只是被拍没了。

爽肤水的正确的使用方法：将化妆棉用爽肤水浸湿，轻柔地、朝一个方向擦拭鼻窝、眼周、口周等不好清洗的部位。擦过的位置不要反复擦拭，以免造成二次污染。再次强调，使用爽肤水时不能拍打，也不能像用乳液一样在脸上反复擦拭。

头发的秘密

头发是皮肤的特殊组织，它不是身体器官，不含神经和血管。但头发中含有细胞，97%的成分是角质蛋白。

头发在皮肤以外的部分称为毛干，就是我们俗称的"头发"。皮肤以内的部分称为"毛根"，毛根末端的膨大部分称为"毛球"，毛球下端的凹入部分称为"毛乳头"，毛乳头包含结缔组织、神经末梢和毛细血管，为毛球提供营养。毛囊的上方是皮脂腺，其分泌的皮脂对头发和头皮有滋养的作用。

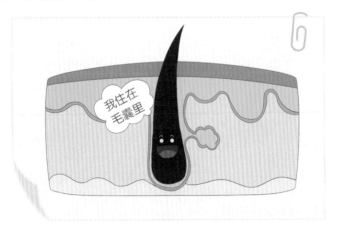

头发除了可以保护头部抵挡较轻的碰撞，还可以帮助头部散热。头发本身没有pH值，但头发的分泌物是有pH值的，且pH值在4.5~5.5是最佳状态。

日常使用的洗发水比头发本身的pH值高，特别是碱性洗发水、各种染发剂、烫发剂，pH值高于7，经常洗头、染发、烫发会对头发造成伤害。

观点

正常人大约有10万根头发，每天脱落100根左右，同时会有等量的头发再生，但超过这个量就要注意头发的健康了。脱发与很多种因素有关，比如油脂分泌过旺、压力过大、营养不良、内分泌紊乱、物理刺激、季节变化、遗传等因素都可能造成脱发。如果发现自己脱发严重，一定要到正规医院确诊是病理性脱发还是生理性脱发，再进行专科诊治。

洗头发还是洗头皮

有些朋友喜欢把洗发水挤在头发上揉一揉；有些朋友喜欢把头皮挠一挠，洗头的重点是洗头发还是洗头皮？大家常常把洗头皮和洗头发混为一谈，但事实上，两者有很大区别。

头皮与面部的皮肤相连，也是全身皮肤的一部分。头皮可以隔绝外界污染物，也可以避免皮肤水分蒸发。另外，头皮分泌的皮脂是自然的隔水屏障，它与头皮上的共生菌形成的薄膜是抵御外来病原体入侵的屏障。头皮比脸皮厚，油脂分泌也较多，适度清洁能维持头皮的正常代谢与健康。

头发主要是由角蛋白缠绕构成。如果把头发切断用显微镜观察，由外而内可以看到表皮鳞片层、中间的皮质层、最内层的髓质层。洗头发的时候，清洗的是表皮层。表皮层是由半透明的毛鳞片组成，毛鳞片堆叠的方式很像屋顶的砖瓦，有很好的防水效果。因此若毛鳞片受损或呈打开的状态，头发的水分就容易流失，导致发质粗糙干燥。

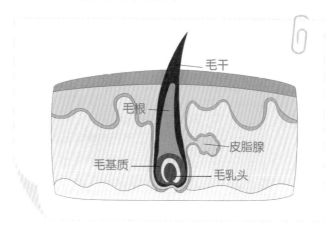

观点

洗头时要区别对待头皮和头发，洗头通常是为了改善头发油腻、避免头皮屑、干痒等问题。而头发上的油脂是从头皮分泌来的，污垢多的地方是头皮而不是头发，所以要清洗头皮上的油污、角质、灰尘。

为何头发天天洗，还是很油

频繁洗脸，脸会很油；天天洗头发，头发也会很油。头皮和脸都是皮肤的组成部分，都有皮脂腺和汗腺。过度清洁，或者错误的清洁会导致头皮问题。

洗头发太频繁，头皮出油会加重。频繁洗头发将头皮上

的油脂大量带走，皮脂腺收到"缺油"的信号，就会拼命地分泌油脂，头皮就会陷入"越洗越油、越油越洗"的恶性循环中。

怎样才是科学地洗头发呢？

不管是洗脸还是洗头发，清洁都要适度，头发最好2～3天洗一次。洗头时水温要与体温接近，水温过高也会刺激皮肤出油。使用安全、不刺激、温和的洗发水，不用脱脂性强的碱性洗发水，也不使用含有硅油的洗发水。清淡饮食，少油少辣；避免熬夜，保证睡眠；调节压力，心情愉悦；按摩头皮，促进血液循环。这些对于改善头发出油和脱发问题都有一定帮助。当然若是脱发严重，还是需要去医院及时诊治。

观点

头发最好2~3天洗一次，洗头时水温与体温37℃接近，使用安全不刺激的温和洗发水。

二合一洗发水可用吗

很多朋友喜欢用洗护二合一的洗发水，认为洗发、护发同时进行省时省力。但很遗憾地告诉你，二合一洗发水是无

法做到"又洗又护"的，不经过清洁就对头发做护理，可能连基本的清洁都无法保证，清洁和护理是两个步骤，不能同时进行。

健康头发的pH值应为4.5～5.5，洗发水的pH值高于5.5，因此用洗发水洗头后，头发的pH值偏高，长此以往容易出现头屑、头痒和发质干燥的现象。这时需要使用护发素平衡pH值。洗发水的pH值为5.5～6.5，护发素的pH值为2.8～3.5，两者的pH值相差甚远，怎么能做到功效二合一呢?

洗发水是打开毛鳞片的，主要起到清洁作用;护发素可以关闭毛鳞片，锁住水分和蛋白质，两者的功效是矛盾的。在使用二合一的洗发水洗头时，洗发水里的护发素就会在头发和头皮上形成一层膜，把头发和头皮连同油污包裹在一起，头皮洗不干净，头发也没护理好。长此以往，会对头发和头皮造成损伤，引起脱发。

目前，市面上大多数洗发水是二合一的，也就是洗发水里添加了护发成分，比如大家熟知的硅油。硅油又名聚二甲基

硅氧烷，无害但不溶于水，它会把你的头皮、头发紧紧包裹起来，这样洗完感觉头发非常柔顺，但实际上头皮和头发的污垢还没清洗干净，就被硅油包裹住了，久而久之堵塞毛囊，导致头发干枯、开叉、脱落等。当然，并不是说硅油毫无用处，硅油的功效和使用场景会在后面的内容里详细介绍。

护发素的正确使用方法：使用护发素之前要用干毛巾将头发上的水尽量擦干，接着取适量的护发素均匀地涂抹在头发中部或者发梢，不能直接涂抹在头皮上，以免堵塞毛孔。确保护发素涂抹均匀后，静置几分钟，让护发素充分包裹发丝，再用温水彻底冲净就可以了。

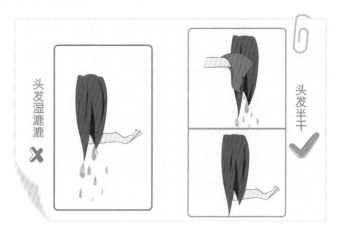

特殊清洁解密

干性皮肤如何清洁

每次洗完脸后如果不立即涂上乳液，是不是脸就会紧绷难受？用护肤品不到一小时，脸又开始干到"飞起来"；上完底妆不一会儿，脸就开始浮粉、卡粉……

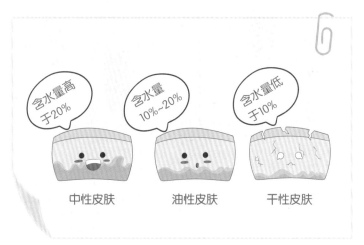

中性皮肤　　　　油性皮肤　　　　干性皮肤

一般中性皮肤角质层的含水量高于20%，油性皮肤角质层的含水量为10%～20%，干性皮肤角质层的含水量低于

10%。水油分泌不足与很多因素有关，如皮脂腺和汗腺活动力差、缺乏维生素C、相关激素分泌下降、皮肤营养不良，皮肤本身的天然保湿因子丢失，平时饮水量不足，外界环境的湿度、温度、天气变化等。

干性皮肤的油脂和水分都不足，容易起皮或产生鳞屑。既然皮肤已经处于"干涸"的状态，在选择清洁产品时，慎用碱性强、含果酸和磨砂成分的洗面奶，以免抑制皮脂和汗液的分泌，损伤皮肤屏障，使皮肤更加干燥。同时干性皮肤也要尽量少用清洁产品，仅以清水冲洗，或根据皮肤情况、季节以及地域的不同，选择低泡或无泡的温和弱酸性洗面奶，再使用保湿能力较强的乳液、乳霜来锁住皮肤水分，改善皮肤的干燥情况。

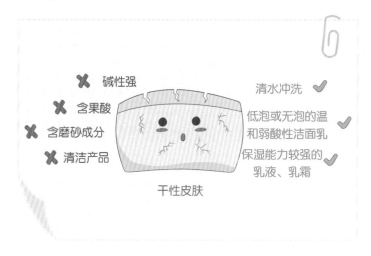

对于干性皮肤的朋友来说，保湿远比清洁重要，所以要把重心放在保湿上，千万不可本末倒置。此外，日常多饮水补充水分，对改善皮肤干燥也有帮助。

油性皮肤如何清洁

油性皮肤最大的特点是皮肤汗腺分泌的水分少、油脂多，皮肤看起来油腻腻的，特别是在T区皮脂腺分布较多的部位。

皮肤看起来油腻，有很多原因。首先是激素水平。青春期时，体内的激素水平高，皮脂腺发达，容易分泌油脂。其次是皮肤干燥。当皮肤长时间处于干燥状态，皮脂腺会过度活跃，分泌更多的油脂滋润皮肤，导致皮肤油腻。再次是不正确的护肤方式。有些人过了青春期，皮肤还很油腻，这是由于不正确的护肤动作和习惯，破坏了皮脂膜，导致皮肤的油脂分泌异常。最后就是饮食习惯。经常吃油腻、辛辣刺激的食物会促使皮脂腺分泌量增加。

油性皮肤不仅会让人看起来油腻，而且很容易黏附灰尘和污垢。这些东西会附着在皮肤表面，容易堵塞毛孔，给痤疮提供了良好的生长环境，诱发一系列的皮肤问题，比如黑头、毛孔粗大、粉刺痘痘等。很多朋友急于改善皮肤出油问题，容易掉进控油祛痘的误区，接下来我就给大家讲讲油性皮肤如何正确清洁。

皮肤分泌的油脂过多，应及时清洗皮肤的污垢和多余的油脂。在清洁时不可太"重"，也不能太"轻"，要讲一个"巧"字。正确的做法是：选择温和弱酸性的清洁产品清洁，早晚各一次，水温最好控制在30℃左右，以流动的、净化过的水为最佳。洗脸时可以用纯棉毛巾蘸着洗面奶轻轻擦洗皮肤，先清洁T区、U区，两颊的皮肤轻轻带过即可。可适当敷面膜，一周一次，软化角质，加速代谢。切记不要使用带有控油标签或含有酒精成分的碱性清洁产品。

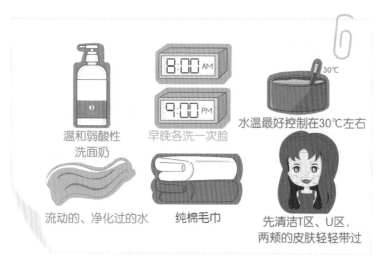

温和弱酸性
洗面奶

早晚各洗一次脸

水温最好控制在30℃左右

流动的、净化过的水　　纯棉毛巾

先清洁T区、U区，
两颊的皮肤轻轻带过

"敏感肌"如何清洁

你是"敏感肌"吗？你曾出现过面部过敏的情况吗？到了春天脸就痒痒，出门逛了一圈脸就开始泛红，太阳一晒脸就

发烫，或者使用护肤品后脸很刺痛……"敏感肌"脆弱又不稳定，就像瓷娃娃一样，需要小心呵护，并且稍有不慎，敏感状况又会复发。

敏感和过敏是皮肤遇到刺激后出现的应激反应，潮红、发热、瘙痒、疼痛是皮肤屏障功能受损的表现。要想修复皮肤屏障功能，又不加重敏感症状，洗脸时要特别注意。

"敏感肌"的洗脸原则：洗净皮肤，又不伤害皮肤。因此建议"敏感肌"减少洗脸的次数，一天洗一次即可。晚上用温水、温和弱酸性的洗面奶，配合纯棉毛巾温柔擦拭，洗完脸之后使用爽肤水进行二次清洁。"敏感肌"可以选择质地温和的无泡沫配方洗面奶，轻轻涂抹就可以把皮肤的污垢带走，又不会刺激皮肤。

如果皮肤只要碰到洗面奶就感觉疼痛，用温水洗脸即可。再用纯棉毛巾轻轻蘸干水分，配合使用含有修复成分的医用护肤品修复受损的皮肤屏障功能。如果用温水洗脸也觉得不舒服，可以将温和成分的爽肤水喷在纯棉化妆棉上直接擦拭皮肤。通常颧骨部位最敏感，用爽肤水时可避开这个位置。

一旦成为"敏感肌"，皮肤会不耐受外界的刺激。日晒、灰尘、天气冷暖变化、使用含有过多添加剂的化妆品和护肤品等，都会刺激皮肤引起过敏。所以一定要爱护自己的皮肤，科学护理。

"干敏肌"如何清洁

皮肤又干又敏感，就是我们常说的"干敏肌"。皮肤本身偏干又过度清洁，且不注重保湿，容易使皮肤表皮层受损，角质层越洗越薄。尤其脸颊部位，不耐受外界刺激，出现红、肿、痒、热等症状。

"干敏肌"的特点：①皮肤长期缺水，无论什么季节，皮肤总是干燥粗糙、脆弱易敏感。②涂抹乳液时感到刺痛、瘙痒，有时还会变红、肿胀。③皮肤水油不平衡、细纹明显。

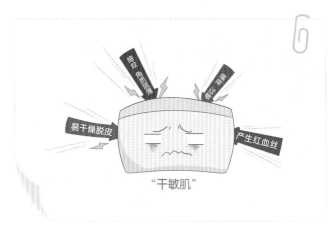

易干燥脱皮

产生红血丝

"干敏肌"

"干敏肌"是非常脆弱的，稍不注意，就会加重皮肤的干敏问题。所以"干敏肌"的日常清洁，一定不可过度！不要使用

强碱的清洁产品，更不要去角质、刷酸、磨砂、深层清洁。如果皮肤的敏感情况十分严重，可以使用免洗型洗面奶涂抹清洁。洗脸时手法一定要温柔，用手指指腹蘸取洗面奶，避开敏感部位在面部打圈，再用爽肤水二次清洁皮肤。想要杜绝皮肤敏感问题，一定要理性护肤，着重修复受损的皮肤屏障。

"油敏肌"如何清洁

皮肤很油，又乱用激素药膏，容易变成油性"敏感肌"，俗称"油敏肌"。

"油敏肌"有"外油内干"的特点。"外油"是因为皮脂腺持续分泌大量的油脂，使皮肤表面看起来很油腻；"内干"是指皮肤的角质层由于脱脂变得很薄，皮肤的保湿功能大大削弱，皮肤处于干燥缺水的状态。

"油敏肌"与"痘痘肌"存在的问题相似，一是皮肤都比较油腻，二是都有"痘痘"问题。但"油敏肌"的皮肤屏障受损更严重，皮肤缺水更严重，更容易产生敏感症状。

"油敏肌"的皮肤特征有四点：①皮脂腺过度活跃，面部油脂多。②毛孔易堵塞，易滋生细菌，产生炎症感染，常常伴有黑头、粉刺、"痘痘"，严重者甚至连脸颊等干燥部位，也会长"痘痘"。③皮肤含水量不足，角质层的含水量低于20%，水油严重不平衡。④皮肤屏障功能受损，极易产生泛红、刺痛、瘙痒、脱皮、发炎、肿胀等敏感症状。

"油敏肌"一定要注重修复皮肤屏障，增强皮肤的抵抗力。"油敏肌"人群角质层薄，非常容易受到外界刺激。如果过敏症状严重，有红肿热痛等表现，暂时不要用清水洗脸，建议使用免洗型洗面奶，再用温和的爽肤水进行二次清洁。

如果皮肤出油严重但敏感情况较为稳定，早上可以只用温水+纯棉毛巾洗脸，晚上可以用温水+温和弱酸性洗面奶+纯棉毛巾温柔擦拭。同时配合成分简单、温和滋养的水乳进行保湿。

堆积的角质如何清洁

如果觉得皮肤看起来有些暗沉不均匀，摸起来有点儿粗糙不平滑，你很可能应该去角质了。去除老旧角质可以加快皮肤的新陈代谢，但去除老旧角质的同时应保护好新的角质细胞，避免损伤皮肤。

洗脸时用纯棉毛巾轻轻按摩肤色暗沉、粗糙的部位是加速老化角质细胞脱落的物理方法，但皮肤泛红、起皮、干痒时不要去角质。如果皮肤比较薄，容易敏感，最好不要使用含磨砂颗粒或水杨酸的去角质清洁产品。除此之外，还可以通过敷面膜软化皮肤的角质层，角质层过厚的朋友可以一周敷两次面膜，每次15分钟，皮肤状况改善后一周敷一次面膜即可。

还有朋友会买洗脸仪去角质，但洗脸仪并没有想的那么神奇。它的原理很简单：通过高频率的机械振动，将皮肤上的污垢、代谢细胞等振动下来。每使用一次，就如同给皮肤磨皮一次。长此以往，很容易过度清洁，使皮肤更加敏感。如果洗脸仪保养不当，还会滋生细菌，引发皮肤炎症。

粗糙

暗沉

洗脸仪

洗脸时用纯棉毛巾轻轻摩擦肤色暗沉、粗糙的部位，用物理的方法加速老化角质细胞的脱落

敷面膜可以软化皮肤的角质层，老废角质就会自然软化脱落

洗脸仪摩擦力比纯棉毛巾高许多倍，很容易造成过度清洁，使皮肤产生敏感

观点

对于正常健康的皮肤来说，使用"清洁三温原则"，角质细胞便可以完成自然的新陈代谢。所以去角质还需谨慎，而且去角质后的保湿和防晒一定要重视，这样才能够更好地保护自己的皮肤。

湿疹患者应如何清洁皮肤

湿疹是由多种因素共同引起的疾病，是伴随剧烈瘙痒的皮肤炎症，一般湿疹以红斑、丘疹、丘疱疹为主。皮疹中央发红明显，逐渐向周围散开，急性期瘙痒剧烈，伴有渗出流脓；慢性期则表现为浸润肥厚。湿疹皮损表现不规则，有多种形态、左右对称、瘙痒剧烈、易反复等特点。

湿疹产生的外因：气候、生活环境、化妆品、清洁产品、贴身衣物、食物刺激、温度湿度。湿疹产生的内因：慢性消化系统疾病、精神紧张、失眠、过度疲劳、情绪变化、内分泌失调、细菌感染、新陈代谢障碍等。

一些湿疹患者想用清洁力较强的清洁产品和温度较高的水"洗掉"湿疹，但是越洗越痒。其原因是清洁力强的清洁产品会让皮肤更加干燥、缺水、缺油；用温度过高的水配合沐浴露洗澡，也会出现全身皮肤干燥、瘙痒的现象。越用热水

洗，皮肤越干燥，瘙痒越明显，湿疹也会更严重。

湿疹患者的皮肤清洁要遵循"减法"原则，选择成分相对简单、刺激性较小的清洁产品和医学护肤品。洗澡时不要经常使用沐浴液，不使用皂类，尽量只用清水清洗皮肤；水温不宜过高，冲洗5~10分钟即可。面部湿疹的护理方法大同小异，用流动的温水配合温和的洗面奶来清洗面部即可。如果湿疹比较严重，则需要配合外用或口服药物，一般首选抗组胺止痒药，更严重的患者还需配合糖皮质激素，但切忌私自用药，一定要在专业医生的指导下使用。

洗澡时，尽量只用清水清洗身体，水温不宜过高

流动的温水配合温和的洗面奶来清洁面部，不可过度清洁

配合外用或口服药物

脂溢性皮炎如何清洁

脂溢性皮炎又称脂溢性湿疹，是指皮脂腺分泌功能亢进，表现为皮肤多脂、油腻发亮、脱屑较多，在皮脂发达部位容易发生，是发生在皮脂溢出基础上的一种慢性炎症。其典型皮损

为边缘清楚的暗黄红色斑、斑片或斑丘疹，表面覆有油腻性鳞屑或结痂，常伴有不同程度的瘙痒。脂溢性皮炎好发于头皮、眉部、眼睑、鼻及鼻翼、耳后、颈、前胸及上背部肩胛间区、腋窝、腹股沟、脐窝等皮脂腺分布较丰富的部位。

近些年脂溢性皮炎的发病率很高，油性皮肤分泌的油脂多，患脂溢性皮炎的可能性更大。但这也不意味着干性皮肤就不会患脂溢性皮炎。

脂溢性皮炎的发病与皮脂溢出、微生物、神经递质异常、气候变化有很大关系。西医学认为，脂溢性皮炎主要由糠秕马拉色菌感染所致，同时与汗液分泌减少、皮肤屏障功能损害也有一定关系。当糠秕马拉色菌入侵皮肤屏障，水解皮脂中的甘油三酯产生的游离脂肪酸进一步刺激皮肤，引起潮红、瘙痒、脱屑等。除此之外，各地气候不同，人体营养水平不同，药物用法不同等都可能引发脂溢性皮炎。

脂溢性皮炎在清洁时要做到"随机应变"，以皮肤不油腻、不干燥为度。油脂分泌得多，可适当增加清洁频率和清洁产品的使用量。必要时使用修护面膜软化角质，以便带走皮肤上的多余油脂。油脂量分泌得少，可减少清洁产品的使用次数，一天一次即可。不论如何调整，脂溢性皮炎的护理原则都是使用温和的洗面奶和沐浴露，不可过度清洁，不要使用控油、去角质产品，不破坏皮脂膜，不使用卸妆水、卸妆油等。

良好的饮食习惯、规律的生活对脂溢性皮炎的恢复有很大帮助作用。如果患者脂溢性皮炎的病情比较严重，要及时到医院进行检查，配合药物治疗。

"鸡皮肤"如何清洁

有些人的身上有很多硬硬的小疙瘩，摸起来一粒粒的凹凸不平，小疙瘩周围呈粉红或者红色。这些小疙瘩是毛囊周角化病，俗称"鸡皮肤"，日常没有什么危害，也不会传染，就是不太美观。

毛囊周角化病是一种毛囊口角质化出现异常的疾病，多发于人体手臂和腿部的正面或者外侧，很容易被误以为是粉刺、"痘痘"或脂溢性皮炎。毛囊周角化病与脂肪代谢有很大关系，所以一般较胖的人更容易得毛囊周角化病。由于毛囊口角化，影响了毳毛的生长，所以皮肤表面摸起来不光滑，像鸡皮疙瘩。如果仔细观察，可以看到每个小丘疹中都有一根卷曲的毛发。

改善毛囊周角化病主要通过去除角质的方法，使角质维持一定厚度。所以在洗澡时可以使用含有磨砂颗粒的沐浴乳、洗澡海绵、浴球等搓洗角化部位，达到去角质的效果。但是一定要注意频率，皮肤的角质更新周期为28～45天，如果每天都去角质，会让本来就很干燥的皮肤变得更薄更干，使"鸡皮肤"变得更严重。

一定要注意频率，不可以经常用

我爱洗澡
皮肤好好

磨砂颗粒
沐浴乳　　浴球

洗澡海绵

注意！皮肤的角质更新周期为28~45天，所以一个半月去一次角质就够了

毛囊周角化病的皮肤状态是缺水又缺油。因此在洗澡时应选用滋润型的清洁产品，或只用温水加纯棉毛巾搓洗，不使用含皂基或阴离子表面活性剂的沐浴露。水温也要与体温接近，过热的水很容易洗掉皮肤的油脂，使皮肤陷入极度干燥的状态，"鸡皮肤"也会加重。洗完澡后可以使用专为干性皮肤研发的身体乳对皮肤进行保湿。

需要注意的是，不少人认为每天洗澡是种好习惯，但是这个习惯对于患有毛囊周角化病的人并不"友好"。干燥的秋冬季节，2～3天洗一次澡就可以了；如果每天洗澡，可以不使用沐浴露，每天只用清水加纯棉毛巾清洗即可。

"激素皮"如何清洁

你用过激素来治疗皮肤疾病吗？比如服用激素药物，或者涂抹激素药膏？你用过激素但却不自知吗？比如一些产品为了提高疗效添加激素成分，产生"立竿见影"的效果。如果你接触过这些产品，一用就好，停用反弹，甚至加重，那很可能你已经患上了"激素皮"。

"激素皮"也叫激素依赖性皮炎，是皮肤长期接触激素药膏、激素护肤品或服用激素药物后，皮肤角蛋白的合成被抑制，引起皮肤屏障功能受损、毛细血管扩张和皮肤免疫力降低等情况。激素会让皮肤的正常生理功能紊乱，皮肤生长代谢异常，出现潮红、肿痛、瘙痒、渗出、结痂等症状。用过激素后的皮肤会越来越黑，长时间使用激素会出现皮肤萎缩、毛细血管扩张、色素沉着以及继发感染。

对于一般性的皮肤问题，能不用激素就不用，必须要用的时候，一定要遵从医生的指导，以免皮肤对激素产生依赖。

如何辨别激素产品呢？比如带"松""龙""德"等字的药膏大多是激素类产品；或者用了某个产品，在短期内皮肤变得很不错，但停用后就产生红、痒、粉刺"痘痘"、毛孔粗大、汗毛增多等情况，很可能就是激素护肤品。

在刚开始停用激素时，原有的皮肤问题会加重，炎症更明显。为了防止激素骤停带来的反弹和皮损，要避免一切外来刺激，停用所有护肤品、化妆品以及洗面奶。在停激素一周以内避免接触水，可用相对温和的医学护肤品帮助皮肤恢复。

停用所有的护肤品、化妆品及洗面奶，
在停激素一周以内避免接触水

　　等到激素反跳症状稳定后，可使用专为"敏感肌"设计的免洗型洗面奶，在T区、U区轻轻带过，再使用"敏感肌"适用爽肤水二次清洁即可，切记不能使用清洁力强的洗面奶或皂基，同时减少清洁皮肤的次数。"激素皮肤"的护理比较专业，每个患者的症状也不相同，护肤和修复要在专业医生的指导下进行。

医疗美容手术后，皮肤怎么清洁

医疗美容行业这几年越来越热门，比如大家熟知的水光针、光子嫩肤、果酸换肤、小气泡……专业的操作和精心的护理确实会带来意想不到的效果，这也是医疗美容盛行的主要原因。但术后不知如何护理，没能变美反而让皮肤受伤的朋友，也不在少数。医疗美容手术后的皮肤副损伤，需要做好清洁、保湿、修复、防晒以及预防感染等护理工作。

通常，医疗美容手术后皮肤会有红、肿、热、痛等轻微反应，这时可以用干毛巾包裹冷冻的物品，对着皮肤进行干冷敷10分钟左右，需要注意的是，冷敷时一定不能有水分直接接触皮肤。每个部位停留3秒左右就换下一个部位，以免冻伤。操作正确的话，皮肤红肿、灼热感会逐渐退去。

用干毛巾包裹冷冻的物品进行局部干冷敷10分钟左右

每个部位停留3秒左右就换下一个部位，以免冻伤

医疗美容手术后皮脂膜受到破坏，非常容易感染，一部分人手术后皮肤会起水疱，所以术后3天内皮肤尽量不要沾水，可使用"敏感肌"专用的免洗型清洁产品简单清洁皮肤，

也可以使用含有修复成分的医用面膜,让角质细胞"喝一点儿水",这样既可以清洁面部,又可以促进皮脂膜和角质层的恢复。一周后,皮肤屏障功能慢慢恢复,就可以用"清洁三温原则"清洁皮肤了。

想要通过医疗美容手术改善皮肤的朋友,做手术之前一定要先咨询专业医生的建议,并不是每个人都适合做医疗美容手术。医疗美容手术后的皮肤是很娇嫩的,比正常皮肤更薄、更脆弱,所以不要急着清洁,按照医生的建议,一步步做好基础的养护,才能达到比较好的效果。

被晒伤的皮肤如何清洁

很多朋友对防晒不重视,觉得晒一晒会更健康。太阳光中的紫外线会晒伤皮肤,不仅让你变黑,还让你变老。暴露在紫外线20~25分钟皮肤就会出现损伤。紫外线会让皮肤产生大量的氧化自由基,破坏胶原蛋白,加速皮肤衰老;还会释放炎症因子，让皮肤发炎、过敏。所以防晒也是最重要的护肤手段。

如果皮肤被晒伤了，正处于红肿痒热痛的状态，这时应该进行干冷敷。冷的东西能有效缓解发红、发烫的症状，但是冷的东西直接敷在脸上会使皮肤冻伤，而且解冻后的水分会刺激皮肤。正确的做法是用一块干纱布或干毛巾把要冷敷的东西包起来，然后在脸上来回滚动，通常冷敷3分钟就可以了，不宜敷太久。被晒伤的皮肤建议直接用低温的清水清洗，但也要注意不能用冰水清洗，防止冻伤皮肤。

用于纱布或干毛巾把冷的东西包起来，在脸上来回滚动，同时根据被晒伤的程度控制干冷敷的时间，通常敷3分钟就可以了

男性皮肤如何清洁

男性的皮肤问题不可小觑。男性皮肤平均要比女性厚25%，皮肤的新陈代谢也比女性慢，但男性皮肤分泌的油脂比女性要高4倍，所以男性皮肤更爱出油，更容易发生粉刺黑头和"痘痘"问题。不过，很多男性不注重护肤，往往皮肤问

题非常严重了，才寻求治疗。这就导致很多男性的皮肤问题比较棘手，恢复周期较长。所以想要皮肤不出问题，男性应做好日常清洁，具体操作有以下四点。

首先，建议用温水洗脸。很多男性不管春夏秋冬都用常温的自来水洗脸，实际上常温的自来水没法很好地带走脸上的油脂，还会让皮肤变得更加干燥，加重粉刺"痘痘"的问题。要用温水＋温和弱酸性的洗面奶来清洁皮肤，不可过分控油去痘。

其次，用纯棉毛巾蘸着洁面泡沫轻轻擦洗面部。纯棉毛巾比指腹和手掌的摩擦力大，清洁效果更好。纯棉毛巾一定要挂在通风处，每周消毒一次，使用一个月后及时更换。

再次，养成使用爽肤水的习惯。用成分温和的爽肤水喷在化妆棉上轻轻地擦拭皮肤，对皮肤做二次清洁，平衡皮肤的pH值，提高皮肤表面的含水量。

最后，因为皮肤的特点不同，男性适当敷面膜可以帮助皮肤加快新陈代谢，带走老化的角质细胞，改善粉刺、"痘痘"等问题。面膜一般一周敷 1～2 次即可，不可过度。

婴幼儿皮肤如何清洁

婴幼儿的皮肤屏障功能脆弱，所以长湿疹、长痱子很常见，这跟家长不注意婴幼儿的皮肤清洁有很大关系，那么婴幼儿的皮肤应该怎么清洁呢？

0～28 天的新生儿仍受母体孕激素的影响，皮肤代谢非常旺盛，所以要更加注重新生儿皮肤的清洁，以免患上各种皮肤疾病。为了保持新生儿体温稳定，可以在新生儿出生后的第2天进行第一次洗澡，以后每天或隔日洗1次。给新生儿洗澡时动作要轻柔，注意保护脐部。清洗囟门时，家长的手指应平置在新生儿的囟门处轻轻揉洗，不要强力按压或搔抓；沐浴过程中要关闭门窗，减少空气对流，保持室温26～28℃，水温37～38℃，以流动的温水配合纯棉毛巾清洗面部和身体，浴后涂擦婴儿专用的润肤露，防止新生儿皮肤干燥。

此外，新生儿的胎脂对皮肤具有保护作用，不必强行去除，尤其是早产儿的胎脂更不宜太早去除，可以用消毒过的长链植物油脂或液状石蜡局部涂擦使之自行脱落。

当婴儿满月但还未到1岁时，母体孕激素水平下降，婴儿的皮肤角质层发育还不完全，正常成年人皮肤角质厚度约为10.5 μm，而婴儿的皮肤角质厚度约为7.3 μm，这时选择盆浴更为合适。家长可用手直接清洗，重点注意婴儿面颈部、皱褶部和尿布区域的皮肤清洁。洗澡以每周两次为宜，最多隔日1次，水温34～36℃更为理想，不宜高于37℃，盆浴时间5～10分钟。如果使用清洁产品，建议使用添加保湿成分的弱酸性或中性沐浴露，直接用手涂抹清洗，不要用力摩擦，洗完澡后5分钟内给婴儿涂抹润肤露保护皮肤。

1～3岁的幼儿活动量逐渐增加，这时淋浴更为适合，出汗较多的宝宝可以一天洗一次澡，淋浴时间不超过5分钟，水温35℃左右为宜。除了可以使用保湿型的沐浴露外，还可选用温和不刺激眼睛的洗发水清洗头发。淋浴后要及时涂擦润肤露，以维持幼儿角质层完整性，加强皮肤屏障功能。

出生0~28天的新生儿期可以在出生后第2天首次洗澡，以后每天或隔日洗1次

婴儿满月但还未到1岁时，洗澡以每周2次为宜，最多隔日1次

1~3岁的幼儿，可一天洗澡一次，淋浴时间最好不超过5分钟

值得一提的是，临近分娩的孕妈妈，要注意轻柔地用纯棉毛巾擦洗乳头，增强乳头皮肤的韧性，做好哺乳准备，但要避免过度摩擦刺激诱发宫缩。

观点

很多家长不注重婴幼儿的皮肤清洁，总怕洗澡会让宝宝感冒发烧，结果宝宝皮肤出现湿疹、结痂等问题。正确地控制水温，科学的清洁手法，清洁后的保湿可以在一定程度上减少此类情况的发生。

"痘痘肌"是如何形成的

"痘痘"好发于 15 ~ 20 岁。这个阶段人体的雄性激素水平旺盛，毛囊皮脂腺发达，皮肤油脂分泌较多，容易堵塞毛孔出现"痘痘"。过了青春期后，人体激素水平稳定，"痘痘"会自然改善。但成年人长"痘痘"多半和生活习惯、饮食习惯、不正确的护肤方式有关。

"痘痘"的前身是粉刺，粉刺又分为白头粉刺和黑头粉刺。粉刺进一步发展就变成了红色丘疹、结节，再感染就变成了囊肿、脓疱、瘢痕。当毛孔（毛囊皮脂腺）角化异常，分泌的油脂停留在毛孔里排不出去，就会出现粉刺。时间久了，没有清洁到位，或者有细菌感染发炎了，就会变成"痘痘"。

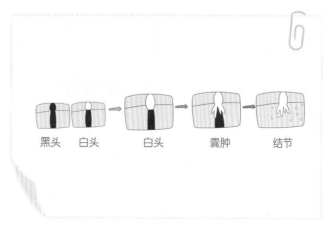

黑头　白头　　白头　　囊肿　　结节

长"痘痘"的原因主要有以下三个方面。

（1）清洁不到位

正常的皮肤油脂代谢不掉，老化的角质细胞不能及时脱落，就会堵塞毛囊口引起"痘痘"。过量使用含有硅油矿物成

分、动物油等饱和性脂肪油脂成分的护肤品，清洁不到位，也会堵塞毛囊引发"痘痘"。

（2）清洁过度

长时间使用强碱的清洁产品使皮肤变得越来越干燥，皮脂腺得到"缺油信号"后分泌更多的油脂来保护皮肤，油脂堵在了毛囊里，越清洁越长痘。

（3）其他因素

熬夜、喝酒、吃辛辣刺激性的食物、情绪、压力等也可能诱发"痘痘"。所以，"痘痘肌"要科学分析自己的皮肤状态，才能从根本上解决"痘痘"问题。

"痘痘"如何预防

"痘痘"越来越严重，要注意以下两点。

（1）清洁是否到位

面部的T区（额头、鼻子、下巴）是皮脂腺分布最多的地方，也是油脂分泌最旺盛的地方。但我们洗脸时，总喜欢重点洗脸颊，而忽略T区，这会导致局部肤色暗沉，油得反光，不断长"痘痘"。

（2）是否经常用撕拉式面膜或鼻膜

撕拉式的面膜确实可以把"痘痘"带走，但它们的副作用也是十分明显。强力胶质会剥脱皮肤的角质层，严重伤害皮肤的生理结构。而且被拉扯变大的毛孔会进入更多的灰尘，导致毛孔越来越大，黑头越来越多。

预防"痘痘"要注意清洁和保湿。用纯棉毛巾蘸温和弱酸性的洗面奶轻轻擦洗"痘痘"部位，可以加速"痘痘"处皮肤的代谢，可以适当敷一些软化皮肤角质、加速老化角质细胞脱落的面膜。毛孔通畅，"痘痘"问题就会随之改善。

护肤没有捷径，不可一味求快。遇到皮肤问题，首先反思自己的护肤方式，改掉错误的护肤习惯，然后日复一日慢慢地改善。

毛孔粗大如何缓解

毛孔粗大对皮肤外表的影响没有痤疮、皮炎那么明显，所以往往容易被忽视。毛孔粗大是因为皮肤油脂或老废角质不能及时代谢而堆积在毛囊里，使毛囊膨胀堵塞。此时皮肤也会变得干燥，皮脂腺收到"干燥"的信号后会加速油脂分泌，毛孔则会更大。此外，随着年龄的增长，皮肤逐渐失去弹性，毛囊周围缺乏支撑结构，也会使毛孔显得比较大。

毛孔粗大有两种情况：一种是没有固化的毛孔，这种毛孔相对较小，可以通过正确的清洁和保湿方式慢慢改善；另一种是已经固化的毛孔，这种毛孔很难逆转，只能靠激光解决。

面对毛孔粗大问题，一些人希望通过频繁地洗脸，用爽肤水来缓解。殊不知，经常使用含有酒精的护肤产品也会使油脂分泌变得紊乱。还有些朋友，洗脸时用力过度导致毛孔粗大，或经常使用撕拉式面膜和鼻膜，伤害皮肤角质层，使毛孔粗大……

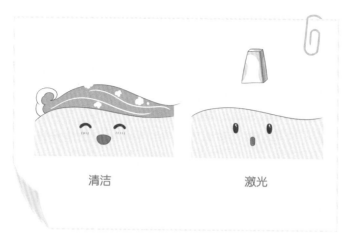

清洁　　　　　　　　　　激光

解决毛孔粗大的问题时一定要有耐心，每天使用"清洁三温原则"，清洁后用乳液保湿。乳液可以减慢皮肤水分的蒸发的速度，不刺激皮脂膜分泌更多油脂。久而久之，毛孔粗大会有明显的改善。

前胸和背后的"痘痘"如何清洁

前胸和后背的"痘痘"不是螨虫引起的，而是毛囊炎所致。螨虫是微生物，而毛囊炎是病变细菌引起的，比较典型的是糠秕马拉色菌毛囊炎。这种毛囊炎多发于中青年人，男生多于女生，好发于颈部、前胸、肩背腹部。其典型特征为丘疹脓疱，多为半球形，直径2～4mm，周边有红晕可挤出粉脂状物质，呈数十个甚至数百个密集或者分散分布，有不同程度的瘙痒，出汗后加重。患者常存在多汗、油脂溢出等症状，如果面部没有"痘痘"，而前胸和后背经常长"痘痘"，这就是典型的糠秕马拉色菌毛囊炎。

胸背部是人体皮脂分泌较旺盛的部位之一，且此处的角质层很厚，新陈代谢周期大致为1.5个月，比面部缓慢，更容易出现毛孔堵塞的情况。到了油脂分泌旺盛的春季和夏季，皮肤分泌黏腻汗液营造了温暖潮湿的环境，给细菌提供繁殖的"温床"，这些细菌会破坏皮脂腺和毛囊，引发皮肤瘙痒、长痘、糙裂、起"鸡皮红疹"等问题。而且市面上很多沐浴产品呈碱性，并含有硅等物质，它们不仅会破坏皮肤的天然屏障，还会在皮肤表面形成一层"假滑膜"，使皮肤不易冲洗干净，导致闷痘发炎。久而久之很可能出现刚刚洗完澡，身上就会出油瘙痒的情况。

此外，当代人压力过大引起内分泌失调，也是胸背部长"痘痘"的因素之一。所以，前胸后背长痘并不完全是螨虫惹的祸，而是体表细菌失衡的表现。螨虫是微生物不是细菌，所以除螨并不能解决胸背部"痘痘"的问题。真正有效的方法要从日常清洁做起：用温水和温和的沐浴乳冲洗皮肤；洗完澡后用纯棉毛巾擦干水分再穿衣服，以免潮湿的环境滋生细菌；保持贴身衣物和床单的洁净；规律生活、清淡饮食。当然也可以辅助使用抗感染药物来缓解症状，比如外用莫匹罗星软膏等；但如果胸背部"痘痘"问题比较严重时，一定要在医生的指导下用药治疗。

温水和温和的沐浴乳
冲洗皮肤

毛巾擦干水分

胸背部"痘痘"问题
比较严重时，一定要在
医生指导下用药治疗

保持贴身
衣物的洁净

清淡的饮食

辅助使用
抗感染药物

"刷酸"是什么，你适合"刷酸"吗

"刷酸"这个词儿大家并不陌生，很多朋友认为它是黑头、粉刺、"痘痘"、肤色暗沉等常见皮肤问题的"克星"。近些年来"刷酸"受到很多追捧，但更多的是跟风，盲目"刷酸"。"刷酸"到底是什么原理？什么人适合"刷酸"，什么人不适合呢？

"刷酸"的本质是人为控制的一种化学烧伤，是常用的医疗美容技术之一。这项操作需要专业皮肤科医生根据不同病症，使用不同酸类调配出特定浓度的皮肤剥脱剂，涂抹在病灶区域的皮肤上，将表面皮肤剥落，留下新生细胞，就能让皮肤更显柔嫩，起到加快细胞代谢的作用。

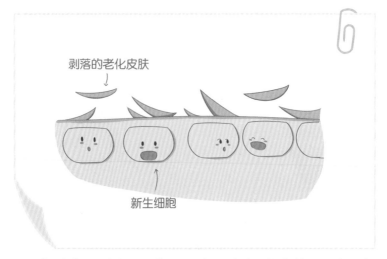

但随着"刷酸"的普及和对"刷酸"的热捧，现在人们自己在家里也会用含果酸、水杨酸等酸性物质的护肤品，把皮肤进行一个"大清洁"。但是不规范的操作容易导致使用者无法科学配比"刷酸"的浓度和用量，所以很多人"刷酸"过后皮肤屏障功能会受到不同程度的损伤。

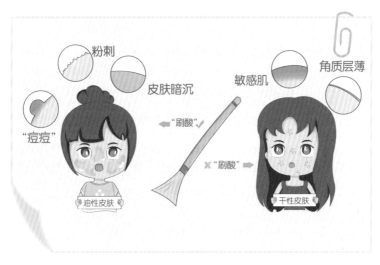

　　"刷酸"时所用到的酸大多是高浓度的酸，但"刷酸"不是每个人都适合，譬如当果酸浓度高于4％时，角质层薄的人会产生刺痛感。而干性皮肤、"敏感肌"、角质层薄的人群是不建议"刷酸"的。

　　"油皮"、经常长"痘痘"和粉刺、肤色暗沉的人群，可以在医生的指导和帮助下，适当"刷酸"。尽管如此，"刷酸"还是有很多需要注意的事项。比如"刷酸"后，脸上的老废角质脱落，新角质还未完全生成，皮肤屏障功能薄弱，这时一定不要使用过热或过冷的水洗脸，也不要用碱性的清洁产品，可以用免洗型清洁产品，再用温和成分的爽肤水二次清洁。待皮肤稳定后，使用温和弱酸性的洗面奶，同时配合修复类的医用护肤品来保护皮肤屏障。

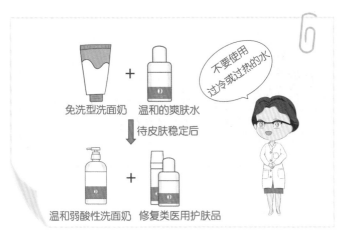

　　"刷酸"后皮肤角质层变薄，紫外线更容易伤害皮肤，此时一定要注意防晒，"刷酸"后最好不要外出，如果出门一定要用戴口罩、戴防晒帽、打遮阳伞等方式来遮挡紫外线。

所以，"刷酸"的人首先要确认自己的皮肤屏障是否健康，倘若角质层尚薄或是"敏感肌"，一定不能"刷酸"。"刷酸"只可以改善肤色，去闭口、粉刺、黑头等问题，并不是万能的保养皮肤的方式。

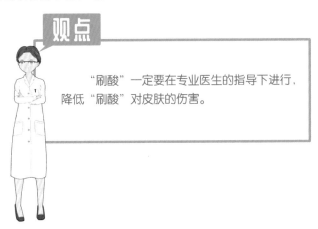

"刷酸"一定要在专业医生的指导下进行，降低"刷酸"对皮肤的伤害。

保湿篇

想要养护好皮肤，保湿是必不可少的环节，但真正把保湿做对的朋友很少。一些朋友不了解自己的皮肤状况，不明白自己皮肤真正的需要，不知道什么护肤品合适自己，不知道护肤品的使用手法，分不清护肤品的使用顺序，更不确定它们能不能在一起使用。许多流行的保湿原则和方法，有一些是有待商榷的。

　　举个简单的例子，很多人都把面膜和爽肤水当成保湿产品，而实际上它们是清洁产品。由此可见，大部分人在基础护肤时，过于注重清洁，而忽视了保湿，这也是为什么现在皮肤问题越来越多的原因之一。如果不学会正确的保湿方法，皮肤的健康状况很可能会受到影响。本篇内容将会告诉你，如何保湿才是正确并且适合自己的。

皮肤保湿基础知识

水真的能"补"进皮肤吗

很多人会把"保湿"和"补水"的概念混淆，觉得保湿不就是补水吗？但从皮肤学的角度来讲，这是不正确的说法。如果你去过一些美容院、SPA馆，那一定对"补水""导入""排毒"这些词不陌生，但是在仔细读完本节后你会发现，有些概念本身就是错误的。

在开始讲皮肤保湿内容之前，我们再复习一下清洁篇提到过的皮肤屏障功能。皮肤屏障功能是人体的皮肤生理功能，就像一道牢固的"砖墙结构"，里面有砖块、砂浆和水泥，这是皮肤非常重要的功能。

（1）角质细胞

"砖墙结构"里最主要的是"砖块"——角质细胞。角质细胞从真皮与表皮交界的基底层生长，随着时间推移，角质细胞逐渐分化为表皮的各层角质形成细胞。从里到外，角质形成细胞可以分为基底层、棘层、颗粒层、角质层。处在角质层的

细胞们已经完成了成长任务，并且完全角化。它们脱掉了细胞核，变为死去的上皮细胞，将自己的身躯排列整齐，完成保卫皮肤的最后使命，然后随着我们日常清洁而脱落。这就是角质上皮细胞，它们像是一块块垒起来的砖头，紧密而强韧。

（2）天然保湿因子

"砖墙结构"中的"砂浆"则是天然保湿因子（NMF）。角质层有20％～30％都是天然保湿因子。它们是一种叫丝聚蛋白的物质从角质上皮细胞衰老死亡的过程中自然分解出来的。这些丝聚蛋白经过相关蛋白酶分解后会变成多种氨基酸，氨基酸又进一步转化为其他有生理活性的物质，这些物质共同组成了天然保湿因子。它们像嵌在"砖块"里的"砂浆"一样，可以从空气或皮下组织中吸纳水分，维持皮肤表面的湿润。

天然保湿因子（NMF）在皮肤中的含量

名称	含量（％）	名称	含量（％）
氨基酸类	40	钾、镁	5.5
吡咯烷酮羧酸	12	氯化物	6.0
乳酸盐	12	柠檬酸盐	0.5
尿素	7.0	磷酸盐	0.5
氨、尿酸	1.0	肌酸	0.5
钠、钙	6.5	糖、有机酸	8.5

（3）细胞间脂质

要完整的组成"砖墙结构"还需要不可或缺的"水泥"——细胞间脂质。细胞间脂质主要由游离脂肪酸、胆固醇和神经酰胺构成。脂质成分充盈在"角质砖块"的缝隙当中，像水泥一样黏着"角质砖块"。它有着疏水的双分子结构，一个脂质分子形似一只小蝌蚪，头部是亲水基，尾部是疏水基。疏水基的尾部互相聚集，双排排列组成，亲水基的两头分别对着表皮外和表皮下。水分子很难穿越过这道疏水的结构层，而皮肤的保湿机能也很大程度依赖这道脂质双分子的疏水功能，以此保证皮下的水分不外渗，外界的水分也钻不进来。这样一来，人体正常皮肤屏障就有两方面的作用：一是保护皮下组织免受外界环境中有害物质的入侵，二是防止各种营养物质、水分、电解质和其他物质的流失。皮肤屏障功能不仅能锁住皮肤的水分和油脂，还可以抵抗各种有害的微生物入侵，所以"补水"是个伪概念。

但有人会问：皮肤确实感觉水润了是为什么呢？当你感觉水好像被吸收时，其实是水分被空气蒸发掉了，还剩下一部分的水分子停留在细胞间没得及被蒸发，所以才会觉得皮肤水润，就像晾衣服也不是一瞬间就能晾干一样。

但为什么很多保湿类化妆品能打出"快速吸收"的概念呢？很简单，只要在产品中添加挥发速度快的烷类、醇类成分（比如酒精），就会造成护肤品快速吸收的假象。所以我们应该认识到，皮肤屏障是人体第一道对外的保护层，它能自行选择吸收哪些东西。而不是你给它抹上什么，它就能全部吸收，你想让它排出什么，它就能一股脑儿地排干净。

皮肤的经皮吸收是一个复杂的过程，主要有三个途径：细胞间途径、经附属器途径、细胞内途径。

需要注意的是，角质细胞间的成分是由脂质组成的，所以仅能够渗透一些脂溶性的、小分子量的物质，比如铅、汞、酒精、激素等。大分子和高分子聚合的物质，比如透明质酸

（玻尿酸）、胶原蛋白等是不能渗透进真皮中，所以只靠涂抹护肤品就能补充皮肤胶原蛋白的说法也是假的。

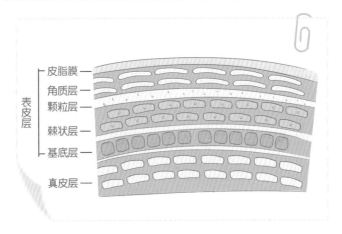

为什么皮肤需要保湿

既然皮肤没办法从外界吸收水分，那皮肤中的水分到底是怎么来的呢？

真皮是皮肤的"水库"，我们每天从饮食中摄取的水分进入人体后，经过吸收、代谢、再次分布、血液流通到达真皮层，通过真皮层再供给表皮层。表皮下层的水分会持续地扩散和输送到角质层，这是我们皮肤充盈水润的关键。皮肤的含水量占人体总含水量的18%～20%，而皮肤内75%的水分在细胞外，主要贮存于真皮内，是皮肤细胞生理活动的基础。

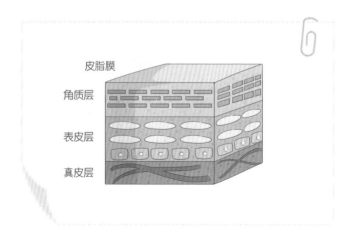

如果皮肤屏障的"砖墙结构"被破坏,无法保住表皮水分,那么真皮层的水分也会从皮肤中丢失。这种现象在生物学上有一个名称,叫经皮水分丢失率(正常情况下丢失速率为 $2\sim5g/h\cdot cm^2$)。如果经皮水分丢失率低,表明皮肤锁水的能力强,经皮水分丢失率高,则表明皮肤锁水能力差。皮肤缺水就会发干或者变油,还会导致一系列严重的皮肤问题,有些皮肤有问题的患者,经皮水分丢失率明显高于正常人。

保湿的意义是保持皮肤内的水分,减缓皮肤内水分蒸发流失的速度。增加真皮与表皮间的水分渗透,使皮肤细胞的生理活动正常运转,从而使皮肤光滑、细腻、有弹性,能抵御外界物质的侵袭。

目前很多人过于注重清洁,而忽视了保湿。想想看为什么你身上的皮肤很好,但面部的皮肤却很糟糕?因为身体上的皮肤每天都有衣服包裹着,你也很少"折腾"身上的皮肤。但许多人不是裸着脸上任由它风吹日晒,就是给它太多额外的清洁。所以注重皮肤保湿,给皮肤"盖上被子",避免受到外界刺激,才能让皮肤水分充盈又有光泽。

在一些皮肤病的治疗上，使用保湿的方法也很有效。举个例子，湿疹是容易反复发作是因为皮肤屏障反复受到破坏，从而不耐受外界环境刺激。很多医生开具的药物并不能帮助患者恢复受损的皮肤屏障，所以湿疹的治疗过程总是漫长反复。这时除了给患者用药治疗，还要给皮肤正确保湿，这样才能有效减少，甚至防止湿疹复发。

特异性皮炎、神经性皮炎等，尤其是与皮肤屏障功能相关的疾病，都可以用加强保湿的方法来改善。例如，银屑病就是困扰皮肤科医生的一大难题，但随着对皮肤疾病的深入了解，相关研究表明高效地保湿能明显缓解或改善银屑病带来的问题。以往用药性强烈的药物与患处"正面冲突"却总是久治不愈，而现在只用保湿、防晒等温和的方法就能解决。所以如果你温柔地对待皮肤，皮肤也会温柔地回应你。

保湿类化妆品都有哪些

保湿类化妆品是以保持皮肤角质层中适度水分为目的而设计的。通过模拟皮肤天然的保湿系统，保持皮肤的水分含量。如今越来越多的人认识到保湿的重要性，保湿类化妆品已经成为我们常用的护肤产品。

我们来了解一下保湿类化妆品的发展历史。

第一代保湿类化妆品的代表是天然矿物油，历史由来已久。1859年，一位学者在对美国宾夕法尼亚州的一个油田访问时，偶然发现工人们使用钻井泵边上的残留物治疗割伤和烧伤的伤口。随后这位学者对这些残留物加以研究，提取出了最早的保湿成分：矿物油脂，他将这种物质命名为凡士林。这个成分在护肤品成分表里也常被标为白油、液体石蜡，所以最初的保湿成分是从石油中提取来的。

凡士林在皮肤上会形成非常好的膜状，能有效防止皮肤内水分过度流失，而且在严寒天气中也可以抵御干燥，所以一度成为使用最广泛的保湿剂。但凡士林的缺点是长时间停留在皮肤上会导致角质层发黑，所以后来逐渐被其他物质替代。不过因为凡士林的制作成本非常低廉，目前仍有许多保湿类化妆品用它作为的主要成分，如身体乳、护手霜等。再就是有些特定产品，如按摩膏、按摩油等，必须加入矿物油才能与皮肤接触时持续保持光滑。

第二代保湿类化妆品的代表是动物油脂，如绵羊油、马油、鹿油等。尽管动物油脂与人体皮肤的相关性好，但是由于保质期较短，容易滋生细菌使皮肤感染，所以这类护肤品流行

没多久就被淘汰了。

第三代保湿类化妆品的代表是提取生物活性成分，主要成分是超氧化物歧化酶，又称SOD。SOD在20世纪90年代便开始流行，标有××生长因子、××冻干粉、××生物制剂都是这个时代的产品。这类产品目前依然很流行，在好友推荐清单里频繁可见。但生物活性成分只是个概念，能起到的效果却不是很明显。以SOD为例，它本身是一种能够清除自由基和抗衰老的有效成分，但它最大的问题是生物活性周期只有14天，极难储存，从生产、运输到消费者手里的这段时间往往超过14天，生物活性可想而知。所以有这些成分的护肤品，除非可以在生产后立即使用，否则此类产品仅仅是宣传上的概念。

第四代保湿类化妆品是从植物中提取有效成分，比如从小麦的秸秆里提取神经酰胺，从玉米里提取丙二醇等。

植物给人的感觉是天然、安全、绿色、健康的，但我们也要擦亮自己的双眼，添加了植物提取物的护肤产品，不一定就是好的，植物和植物提取物的关联性不大。我们都知道，世界上没有完全相同的两片叶子，同样，就算在一棵果树上，不同位置的果实味道也并不一定完全一样。在自然的生长环境下，气温、湿度、光照、海拔、土壤等因素都会影响植物的质量。而护肤品的规模生产则要求每一件产品的成分和配比高度一致，想要把这些植物的有效成分提取出来，并且质量要保证一致，需要非常高的工艺水平、科研力量和资金成本。当然，在护肤品市场上把某种天然成分运用好的品牌也不少，能有效提取天然成分并成功运用是件非常了不起的事。

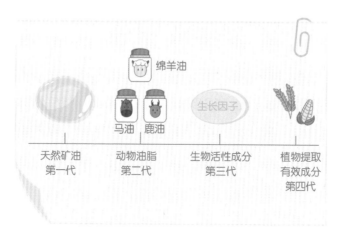

天然矿油　动物油脂　生物活性成分　植物提取有效成分
第一代　　第二代　　第三代　　　第四代

　　如果一个品牌声称添加了很多的天然提取物，那消费者就要仔细考虑一下了。想一想，且不说多种天然物质在一起会产生什么化学反应，光是将一种天然成分提取出来的时间成本和技术成本就已经很高了，但卖给消费者的价格却非常便宜，这是不是有点儿不符合常理。炒作得如此火爆的"天然成分"兴许只是博消费者的眼球而已。

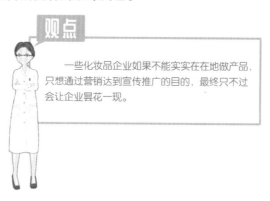

观点

　　一些化妆品企业如果不能实实在在地做产品，只想通过营销达到宣传推广的目的，最终只不过会让企业昙花一现。

目前常用的保湿成分有哪些

目前保湿产品中主要添加的保湿成分有多元醇类、多糖类、天然保湿因子、脂质类等。这些保湿成分能够给我们的"砖墙结构"添砖加瓦，保护皮肤。以下我列举一些保湿成分及其功效，让大家对保湿产品有一个简单的了解。

（1）多元醇类

多元醇类像活性炭一样，一般作为吸湿剂，能从潮湿的空气中和皮肤深层捕获水分。

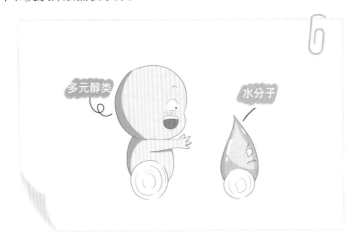

①1,3-丙二醇：丙二醇是无色透明的黏液，有捕获、抓取水分的作用。这种成分常常添加在面膜、膏霜中作为各种液体的湿润剂。如今便宜的合成单链丙二醇已经很少使用，化妆品配方师可以从玉米等植物里提取丙二醇、1,3-丙二醇。这些成分安全性比单链丙二醇高，价格自然也高一些。既然这个成分这么好，能不能多使用呢？答案是不行。过多使用丙二醇

容易使皮肤脱水，或发热，所以在护肤品中添加量一般小于质量分数的15%，普遍含量在8%～10%。

②1,3-丁二醇：主要用于化妆水、膏霜、乳液、精油和牙膏中。1,3-丁二醇极其安全，对皮肤黏膜无刺激，但成本较高，所以许多产品为了降低成本和价格，将丙二醇、1,3-丁二醇混合在一起使用。而且1,3-丁二醇还有不错的抗菌作用，所以添加1,3-丁二醇产品的防腐体系可以精简一些。

③丙三醇（甘油）：最常见的保湿剂、润滑剂，冬季的保湿效果甚佳，黏稠、带有甜味，价格便宜，开塞露里的主要成分就是甘油。甘油是水包油乳化体系中不可缺少的原料。为了保持整个配方体系的保湿效果，也为了产品在储存、运输、销售过程中保持乳化体系的稳定，许多产品里会添加占总量约为2%的丙三醇。

④山梨醇：主要用作保湿剂和调理剂，常用在膏霜、乳液、洗发水等产品中。它的吸湿能力小于甘油，可以有效保持水分，且不会有油腻感。此外，山梨醇也是一种甜味剂，能遮盖原有原料中不好闻的气味。

（2）多糖类

多糖类的成分有特别容易结合水分子的特点。结合后会形成胶状的基质（类似糖浆），为皮肤提供水分。因为多糖类的成分流动性较小，可以在皮肤表面形成一层均匀的薄膜，发挥保湿作用。

多糖类 → 结合水分子后会形成胶状的基质（类似糖浆），可以为皮肤提供水分，有效保湿

①透明质酸（玻尿酸）：透明质酸是多糖类的代表成分，具有优良的保湿和润滑作用。它也是细胞间脂质和细胞外基质的主要成分，所以能减少皮肤水分的流失，促进皮肤的渗透功能，促进表皮细胞的增殖和分化，清除自由基，防止皮肤老化。不同种类的透明质酸分子量差别很大，小分子量的透明质酸是非常好的保湿剂，它极其安全，无任何刺激和毒性。大分子量的透明质酸一般称为玻尿酸，通常用于医疗美容注射，能长时间保持保湿效果，也可用于保湿产品中，但效果就大打折扣了。

透明质酸最早是从鸡冠中提取出来的，这种提取方法效率很低，所以早期的透明质酸价格非常昂贵。不过由于技术的进步，现在通过生物发酵的方法获取透明质酸已经非常普遍了。

②β–葡聚糖：β–葡聚糖是无色、透明、无味的黏稠液体，广泛存在于酵母、蘑菇、燕麦、海藻和大麦等食物中，是近年来发展迅速的多糖类保湿成分，它的功效能与透明质酸不

相上下。β–葡聚糖与其他多糖类物质不同，它更亲近皮肤的免疫系统，并且能直接作用于表皮下的免疫细胞，给皮肤的防御系统不断"扩充军队"，有效促进细胞增殖。所以β–葡聚糖不仅有强大的保湿功效，还能促进受损皮肤自我修复，并且亲肤感良好，保湿不黏腻。β–葡聚糖搭配在"油敏肌"的精华中，可以缓解皮肤的缺水状态，促进"敏感肌"恢复，清爽的肤感也使消费者乐于接受。此外，β–葡聚糖的应用也更加广泛，比如可以抗衰老、抗敏消炎、防晒、伤口修复等。

③其他多糖类成分：如甲壳质、甲壳质衍生物、硫酸软骨素、海藻糖等，这些都来自海洋生物，保湿成分也与人体相近，近年来越来越多地应用在保湿类化妆品当中。

（3）天然保湿因子类

天然保湿因子（NMF）是角质层中天然存在的一种具有吸附性、水溶性的物质。它主要分为氨基酸类、吡咯烷酮羧酸（PCA）、离子类、乳酸盐、尿素等。

下面列举出的天然保湿因子常被添加在保湿类化妆品中。

①尿囊素：尿囊素是尿素的衍生物，尿素本身就是我们皮肤当中的天然保湿因子。我们出汗后散发的气味，就是尿素味道。尿素有良好的亲肤性，且获取简易、成本低，是众多的保湿类化妆品中的"宠儿"。因为尿素味道重，所以用一个囊膜将它的分子包裹，故称为尿囊素。尿囊素常用在许多身体乳和护手霜当中，它的性能稳定，可以增强皮肤、毛发最外层的吸水能力，还可以改善皮肤、毛发的含水量。

②吡咯烷酮羧酸：吡咯烷酮羧酸是氨基酸的衍生物，是皮肤的天然保湿因子，占天然保湿因子总组成的12%。吡咯烷酮羧酸的保湿效果明显优于其他天然保湿因子。

③乳酸盐类：乳酸盐类在护肤品中常用作pH值调节剂和抗氧化剂，有助于平衡护肤品的pH值，以及护肤品的运输储存。

在配方中使用天然保湿因子会使护肤产品更亲肤，刺激性更小，但价格也会更高。皮肤内的丝聚蛋白会分解为氨基酸和其他衍生物，是构架保湿剂的核心成分来源。其中天然保湿因子最重要的物质就是吡咯烷酮羧酸和尿囊素，前者吸湿性强，即使是在干燥环境中也能为皮肤锁水；后者能够吸收紫外线，减少紫外线对皮肤的伤害。若保湿产品中没有添加这些成分，刺激性便大大增加，长时间使用皮肤自然会出现问题。

（4）脂质类

脂质类成分是我们皮肤结构中不可缺少的"水泥"，保湿产品必须要添加这类成分才能实现更全面的保湿效果。

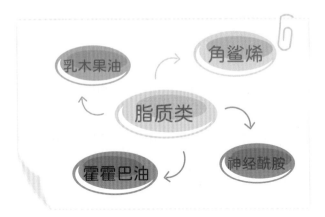

①角鲨烯：角鲨烯无色、无味、无毒，最初是从鲨鱼的肝脏中提取出来的，后来也可以人工合成。但角鲨烯只在人类青春期的皮脂腺和女性阴道中少量分泌，所以比较珍稀。角鲨烯的使用感极佳，能高度保湿和滋润皮肤，通常添加在乳液、膏霜中，但加入了这种成分的护肤产品价格相对昂贵。

②霍霍巴油：霍霍巴油的主要成分是不饱和的高级醇和脂肪酸，用作保湿剂、调理剂、润肤剂。它的使用感非常好，虽然是油，但没有很强的油腻感。霍霍巴油的稳定性也非常好，极易与皮肤融合，具有不错的抗氧化性，但霍霍巴为墨西哥原生植物，通常需要进口，所以价格相对较高。

③乳木果油：乳木果油主要来源于牛油果，也属于进口成分。乳木果油呈浅黄色半固体状，是与透明质酸相媲美的保湿剂，有抗衰老、抗过敏、保湿、防晒的功效。乳木果油使用时不油腻，适用于膏霜、乳液，防晒、彩妆等。它与人体油脂较为接近，丰富的非皂化成分易于吸收，能保持皮肤的自然弹性，有一定的消炎作用。如果护肤品当中添加这类成分，可以提高保湿性能。

④神经酰胺：神经酰胺是一种非常重要的保湿成分，可天然提取，也可人工合成。神经酰胺是皮肤脂质中的重要组成成分（约占50%），可以辅助恢复皮肤屏障功能，促进表皮细胞分裂和基底细胞再生。不过神经酰胺的价格比较昂贵，一般用于高档护肤产品。

"成分党"最易掉进的三个误区

这几年护肤品的"成分党"火了起来，买产品先看成分有哪些，说明消费者逐渐理性起来，但在了解了保湿的机制和成分后，又过于信奉某些概念，掉进了过度护肤的"坑"里。所以接下来就跟大家讲讲关于成分的几个误区。

（1）过于关注某个成分

我经常遇到"成分党"们抓住几个成分就对一个产品评头论足，有××成分就是好产品，有××成分就是不好的。其实这种观点过于绝对。大家应该先要了解自己的皮肤类型，才能更好地辨别产品适不适合自己。如果你用了一个不适合自己的产品，哪怕它的成分再好，皮肤也会直观地给你答案。

例如，有段时间爆红的烟酰胺，商家宣传美白、防晒、抗衰抗老、祛痘等功效都被它包了，只要皮肤有问题，就没有烟酰胺解决不了的。但是这个东西真的有那么神奇吗？

烟酰胺是维生素PP的一种，现在也称维生素B$_3$，在临床中可以预防糙皮病。但在医学界的各种相关疾病指南中，没有将烟酰胺列为治疗方案，并且它还有一些不可忽视的副作用，比如让皮肤瘙痒，产生烧灼感等。这是因为烟酰胺可以刺激细胞分化，盲目使用烟酰胺，对于皮肤屏障功能受损、皮脂中缺少神经酰胺的人来说有待商榷。这也提醒我们，在使用功效性强的产品时，应该从低浓度、小剂量、间隔时间长着手，让皮肤慢慢适应。

（2）想要直接使用某种成分的原料

还有一种对成分的误区是认为直接用某种成分的原液效果更好，认为浓度越高对皮肤越好。在一款已经上市的护肤品中，每种成分都有规定的浓度和占比，不同品牌的保湿产品之所以价格差距大，原因在于原料的成本不同，以及各个成分的配比和配方工艺的大相径庭。成分不是简单地堆砌和组合，也不是越多越好，只有适当的配比才会让产品发挥最大的功效。

举个例子，虽然维生素C有很好的美白作用，但我们不能在脸上直接涂抹维生素C的原液，维生素C溶于水，皮肤吸收性差，在空气中极不稳定，易氧化变色。因此，为了发挥维生素C的美白作用，一般在化妆品的配方中，采用包埋体系和缓释体系：用脂质类成分将维生素C包裹，就像鸡蛋清包裹鸡蛋黄一样。当含有维生素C的化妆品接触皮肤后，包裹维生素C脂质成分由于与皮肤的脂质成分相近，可以将维生素C携带进皮肤角质层中。同时脂质成分与皮肤的脂质融合在一起，将维生素C缓慢地释放出来，从而发挥维生素C氧化还原作用。

所以护肤品光有好的成分还不够，还要有好的配方体系。

（3）认为好成分等于好产品

护肤品的生产工艺、原料加工、灭菌、消毒的流程极其复杂，把原料混在一起是件很简单的事，但要让它们发挥最大的功效，使用感良好且没有副作用，就是很有技术含量的事了。

正如同一道菜肴不同的厨师做出的味道不同一样，尽管用的食材一样，但厨师精湛的厨艺可以使菜肴更加美味。护肤品也是一样，优秀的护肤品背后集合了皮肤科医生、化妆品配方工程师、生产车间工人们的心血。因此，我们要学会如何做一个聪明的消费者，不仅能看懂成分，更要懂得科学的配方体系。

观点

了解自己的皮肤特征，听取专业医生的指导，不把自己的皮肤当成"小白鼠"。

涂乳液的正确手法是什么

多数人使用乳液时会拍一拍，想通过这样的方式使皮肤充分吸收乳液，但不论是爽肤水、精华、乳液还是面霜，拍打只会加速产品的挥发。保湿产品无法被"拍"进角质层的紧密结构。

拍打会破坏乳液的乳化体系，把水包油或者油包水的配方体系强行分开。举个例子，刚熬好的粥比较黏稠，但我们不断用勺子搅拌，整碗粥就会变得稀薄。拍打和搅拌一样，会破坏乳化体系，使保湿功效大打折扣。

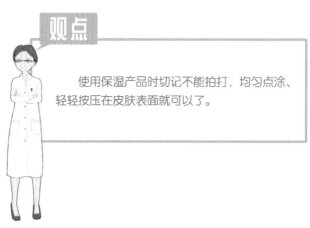

使用保湿产品时切记不能拍打，均匀点涂、轻轻按压在皮肤表面就可以了。

水、乳、膏霜、精华有什么区别

护肤品之所以有不同的剂型，是因为配方遵循的原则不同，功效也不一样。

水剂类产品主要成分就是水，水剂类的保湿化妆品配方原则一般是：纯化水＋保湿剂（化妆水中的含量较低，精华中的含量较高）＋其他成分（如香精、防腐剂等）。精华也属于水剂类产品，使用乳液之前使用精华，其成分可以快速渗透到皮肤角质最底层。比如多元醇类、多糖类、小分子透明质酸、吡咯烷酮羧酸等可以辅助修护皮肤损伤。精华的作用是承上启下，能够加强乳液的保湿能力，又可以降低乳液中乳化剂的刺激性，避免给皮肤带来负担。

纯化水 ＋ 保湿剂 ＋ 其他成分

加强乳液的保湿能力

降低乳液中乳化剂的刺激性

精华　　水剂类产品

乳液和膏霜同属于水和油的混合物，水和油难以相融，需要通过乳化体系融合，所以乳霜类保湿化妆品的配方原则一般是：纯化水和溶于水的保湿剂＋油脂类和溶于油的保湿剂＋乳化剂＋其他成分（如香精、防腐剂等）。因此在乳霜中

不仅有溶于水的保湿成分，也含有多种油脂成分的保湿剂，比如生育酚。乳液分清爽型和滋润型，清爽型的乳液适合油性皮肤和中性皮肤使用，滋润型的乳液适合干性皮肤和敏感性皮肤使用。

膏霜中加入油脂的比例比乳液更多，所以流动性比乳液差，质地也厚重，膏霜一般不透明，看起来更像顺滑的奶油。不过面霜和乳液都可以有效地为面部保湿，它们在制造工艺方面也没有孰优孰劣之分，只不过面霜比乳液更适合在冬季或者干燥地区使用。

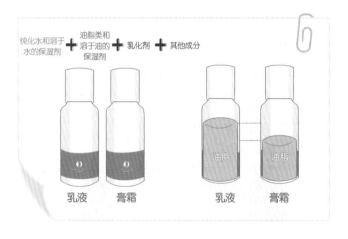

不同品牌的产品可以组合在一起使用吗

现在各种"小棕瓶""小黑瓶""小绿瓶""小蓝瓶""小灯泡"等"爆款产品"数不胜数，很多朋友喜欢把各种牌子的护肤品组合在一起使用，这种做法有待商榷。因为每个品牌的乳化体系、防腐体系、制作工艺都有差别。尤其是配方体系不同，混在一起使用很可能起不到效果或者对皮肤起到相反的作用。比如某个品牌在精华中添加了某个成分，那么他就可能在同系列的乳液中省略或者添加其他成分进行辅助配合，使精华和乳液可以发挥最大功效。

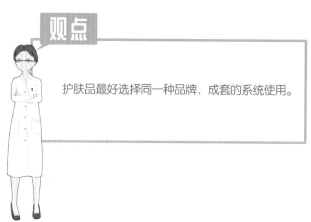

护肤品最好选择同一种品牌，成套的系统使用。

保湿产品使用的顺序和手法是什么

维持皮肤的健康，需要建立良好的护肤体系，需要护肤品之间合理搭配，成套使用。使用护肤产品的顺序一般为爽肤水→精华→乳液/膏霜。精华是保湿的第一步，精华过后再使用乳液或者膏霜。如果涂了防晒霜或化妆了，应该将防晒霜或粉底液涂在最外一层。

不同产品使用的手法也不同。使用精华时应该取适量精华滴在掌心，用另外一只手的指腹蘸取适量精华，由内向外、从下向上轻轻点涂在皮肤表面。使用乳液和膏霜时，也是将其轻轻用指腹延展开，由内向外均匀平铺、点按涂抹在皮肤表面即可。注意不要按摩、挤压和拍打，以免破坏保湿产品的配方体系，影响效果。

取适量精华液滴在掌心

不同的皮肤类型如何选择保湿产品

　　许多朋友只想用精华，不想用乳液，觉得乳液太油，不透气，还容易长痘，或者觉得乳液涂一会儿就干了，没有什么作用，索性就不涂了，这其实是没有选对产品的结果。

　　不同的皮肤类型需要用不同的保湿产品，所以保湿产品的配方和原料就成为我们挑选的关键。

　　在乳霜类产品中一般有三大成分：封闭剂、吸湿剂和润肤剂，分别起到锁水、捕水和柔肤的作用。所以，乳液和膏霜就有了两类配方：一种是水包油型（o/w），油基被水基包裹，外观呈现乳白色，较为润滑；另一种是油包水型（w/o），水基被油基包裹，外观呈半透明淡黄色，较为黏稠。

不同的皮肤类型应选择不同的乳液。

（1）干性皮肤

干性皮肤既缺油又缺水，可选用质地厚重的保湿产品，比如油包水型的乳液和面霜，在一天使用2~3次。如果还是觉得皮肤干燥，可以将保湿类油脂与乳液和面霜混合使用。乳液和面霜最好含有良好的保湿成分，如小分子透明质酸、多元醇、多糖类或天然油脂等。还需要有良好的封闭剂能在皮肤上形成油膜，防止皮肤中的水分蒸发。注意不要使用含有酒精成分的爽肤水和乳液。

（2）油性皮肤

油性皮肤不缺油但缺水，所以应选择质地清爽的保湿产品，成分中以吸湿和润肤为主，避免使用有封闭作用的油性原料。保湿剂选择天然保湿因子、葡聚糖等，润肤成分以不饱和性的植物油脂为主，如霍霍巴油、鳄梨油等，以平衡自身分泌的饱和性油脂。推荐使用凝胶、啫喱状的保湿精华和水包油型的乳液，保湿不黏腻。不可盲目使用宣称控油、"刷酸"功效的产品，以免破坏皮肤屏障，导致"油敏肌"。在出油严重时需要多次护肤，平衡皮肤过多的油脂。一天至少两次护肤，在秋冬季节不建议使用油脂含量较高的面霜，建议使用一些滋润效果好的乳液，夏季则需要选择清爽型的乳液。

（3）混合性皮肤

混合性皮肤可以参照干性和油性保湿产品的特点，对皮肤的干区和油区分区护理，不建议使用单一的护肤品。

（4）敏感性皮肤

敏感性皮肤分为"干敏肌"和"油敏肌"。此类皮肤应使用含有修复功能的成分，如神经酰胺、寡肽、角鲨烷、天然保湿因子和亲肤性较强植物油脂（霍霍巴油、鳄梨油、乳木果油）等。产品中最好不含香精、色素和化学防腐剂，以免对皮肤造成额外的刺激和伤害。在皮肤屏障功能受损的急性期需要用含大量神经酰胺的保湿水舒缓皮肤；根据不同季节，随时调整保湿产品。

各类保湿产品针对不同的皮肤，我们需要认清周围环境和自身皮肤特点进行合理搭配，形成一套符合自己肤质的保湿护肤动作。

保湿技巧解密

"敏感肌"不能用护肤品吗

"敏感肌"最常见的表现是干燥、发痒、红烫，这是因为皮肤角质层太薄，皮肤屏障不耐受外界的风吹雨打，有任何刺激就会马上做出反应。这样脆弱的皮肤还能使用护肤产品吗？

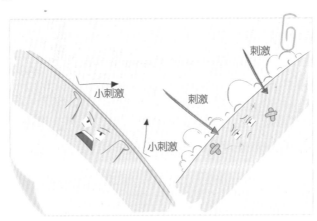

皮肤之所以敏感是因为屏障功能已经被破坏，如果不加以呵护的话，可能会引起更严重的问题。皮肤问题较轻时，遇

到一点儿小刺激皮肤还可以自愈；但皮肤受损严重，遇到比较大的刺激时，问题会越来越严重，很难自愈。

一些朋友敏感发作了，就停用一切护肤产品，想让皮肤休息一下，这是一种错误的认知。虽然这种操作在一定程度上停止了化妆品对皮肤的刺激，但裸露的皮肤仍在接触外界灰尘、细菌、紫外线等。幻想皮肤能够自愈，往往会耽误最佳的治疗时机，引起更加严重的皮肤问题。

正确的做法是：咨询专业的皮肤科医生，精准判断皮肤的现状，选用正规的医用型护肤品，这些产品专门根据"敏感肌"研发，不添加色素、香精和防腐剂，而且能够辅助修复皮肤屏障功能。

尤其要注意的是，"敏感肌"千万不能使用来路不明或者不对症的药膏。如果一定要使用药膏，请寻求专业皮肤科医生的帮助，在医生的指导下谨慎使用。

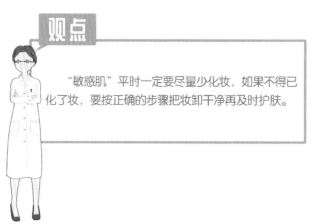

观点

"敏感肌"平时一定要尽量少化妆，如果不得已化了妆，要按正确的步骤把妆卸干净再及时护肤。

如何防止眼周出现脂肪粒

眼部是最容易暴露年龄的地方，要想延缓皮肤衰老，清洁、保湿、防晒这些基础护理每天都要做。

眼周皮肤护理有一个原则：不能亡羊补牢，只能未雨绸缪。眼周皮肤的特点是：皮肤很薄，脂肪含量很少，厚度只有面部皮肤的 1/3～1/5。眼周缺乏汗腺、皮脂腺，也缺乏弹性纤维、胶原结构，所以眼周的屏障功能弱且代谢缓慢。再加上不良的生活习惯很可能会导致眼部皮肤代谢失调。

过度化妆卸妆、过度摩擦眼周皮肤、使用不适合自己的保湿产品等，也可能诱发脂肪粒。脂肪粒一般没有特殊的治疗方法，通常可以去医院的皮肤美容科针清挑除，在排除汗管瘤的可能后，用激光法或电凝法去除。需要注意的是，如果清除后还不注意眼部皮肤护理，脂肪粒很容易复发。

○ 过度化妆卸妆
○ 过度摩擦眼周皮肤
○ 使用不适合自己的保湿产品

脂肪粒

有人会问："眼霜用多了会长脂肪粒吗？"只要正确地使用眼霜，做好眼周保湿，长脂肪粒的可能性就会很小。但由于眼部皮肤薄，屏障功能弱，有些应该用在面部或身体的保湿产品用在眼周的话，很可能会诱发脂肪粒，所以我们应该选择专业的眼部保湿产品——眼霜。

眼霜其实并没有宣传的那么"神"，它只是一款适合眼部使用的保湿产品。眼霜对于眼袋、黑眼圈的修复能力有限，只能改善假性皱纹。临床发现，使用含有矿物质油脂、饱和性脂肪油脂成分的高保湿乳霜，比较容易诱发脂肪粒。所以，在选择眼霜时，要用质地轻薄，透气不油腻，又能起到充分保湿作用且不刺激的成分，比如之前提到过的霍霍巴油、乳木果油等。

另外，眼霜的外包装也大有讲究，有些眼霜是广口瓶，使用时需要用手抠，有些眼霜是用胶管挤，这些包装成本低廉，容易滋生细菌，污染膏体。所以生产的时候为了不让它们腐坏，会添加防腐剂。而且为了让顾客在使用的过程中心情愉悦，化妆品配方师还会在成分里添加一点儿香精和色素，让产品闻起来香味怡人，看上去色泽饱满，更讨人喜欢。

但是防腐剂、香精和色素，会给皮肤带来负担，特别是眼周皮肤比较脆弱，刺激和不适感更明显。所以建议消费者选择真空包装（物理防腐手段），且无香精、色素添加的眼霜。

眼霜的正确使用方法是：用指腹蘸取眼霜，由内向外轻轻在眼周按压开，使膏体均匀涂在眼周，不要打圈按摩以免破坏乳化体系。眼霜的使用贵在坚持，因为短时间内不一定能看到效果，但是长期使用眼霜和不用眼霜的人，眼周皮肤还是有差别的。

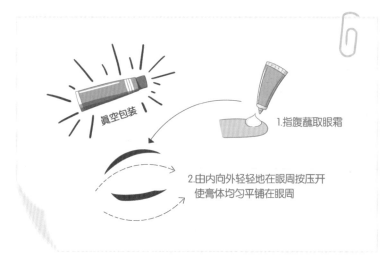

1.指腹蘸取眼霜

2.由内向外轻轻地在眼周按压开
使膏体均匀平铺在眼周

此外，日常的生活习惯非常重要，做好防晒，作息规律，科学用眼，再配合有针对性的眼部保湿产品，对于延缓眼部衰老很有效。

颈部皱纹可以去除吗

颈部皮肤与眼周皮肤相似，都缺少皮下脂肪，且运动频繁。我们的身体有衣服遮挡，面部也会用护肤品进行保养，而颈部皮肤常常暴露在外，弹力纤维容易随着年龄增长断裂，颈纹也会越来越明显。

如果是因为气候干燥、作息不规律、短时间内姿势不正确等原因颈部出现了干纹，可以通过保湿进行缓解。但如果颈部长期缺乏保湿和遮挡，颈纹已经变成真性皱纹，想通过护肤品改善是很难的。

正确的做法是：涂乳液和面霜时应该把颈部皮肤照顾到，尽量使用颈部专用的保湿霜，并注重防晒。

身体皮肤怎么护理

身体的皮肤护理与面部的皮肤护理同样重要，只不过身体常常被衣物包裹着，直接受到外界的刺激较少，所以大多数人身体的皮肤会显得比面部的皮肤年轻。

身体皮肤的面积比面部大很多，面部的护理产品如果用在身上成本就太高了，面部的皮肤和身体的皮肤不同，所以需的保湿产品也不同，身体需要使用专用乳液。而且在护理身体皮肤时需要注意，洗澡水的温度不能过热，不建议使用清洁力强的洗浴产品和身体磨砂膏。

如何选择适合自己的身体乳呢？

第一，看季节。秋冬季节空气干燥，气温较低，皮肤易干燥起皮，这时最需要膏霜状的身体乳。这种身体乳的成分中有较多油脂，有较强的锁水功能，可以很好地包裹住皮肤。而春夏季节空气湿润，气温回升，皮肤容易出汗和出油，因此要避免使用含有矿物油脂和饱和性油脂成分的身体乳，可以选择质地轻薄的身体乳。质地轻薄的身体乳可以有效平衡身体的油脂，让皮肤既得到滋润又不油腻。

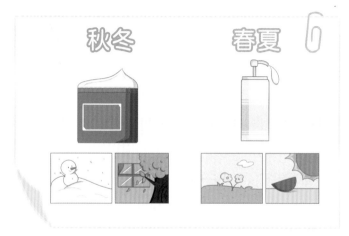

第二，看肤质。身体皮肤也有干性和油性之分，但大多数人的身体皮肤都是混合型，尤其是小腿外侧、手臂和手肘，在空气湿度降低时极易干燥，出现脱屑的现象。这些部位皮脂腺数量少，油脂分泌不旺盛，又常常暴露在外界环境当中，经皮水分丢失率增高，所以应该尽量选择含有透明质酸、乳木果油、凡士林等滋润性较强的身体乳进行多次涂抹。

而前胸、后背皮脂腺分泌旺盛，容易出汗出油、出现痤疮，需要温和地清洁。质地轻薄的乳液是不错的选择，使用含有不饱和性油脂成分的身体乳，可以在皮脂腺分泌旺盛的部位重点涂擦，平衡油脂。

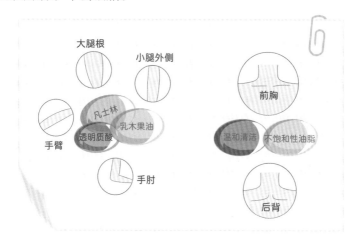

手部皮肤怎么保湿

手部也是需要保湿的重要部位，因为手掌几乎没有皮脂腺，所以双手的皮肤问题大多以干燥、脱屑、手部湿疹为主。可以选用一款含有不饱和脂肪油脂（譬如橄榄油、霍霍巴油、乳木果油）的，同时不含香精、防腐剂的护手霜。养成随身携带护手霜的习惯，或者在洗手台放上一支护手霜，洗完手后及时涂抹。做家务、洗碗洗衣服时可以戴上手套保护皮肤。

"油敏肌"怎么保湿

"油敏肌"局部容易敏感，但又出油严重，伴有毛孔粗大、闭口粉刺等问题。这个时候一定要注意不能过度清洁，可

以选用富含天然保湿因子、不饱和性植物油脂，同时有抗氧化、促进脂质代谢等成分的保湿乳或凝胶。这类保湿产品可以调节皮肤水油平衡、油油平衡，促进新陈代谢，修复受损的皮肤屏障。

"干敏肌"怎么保湿

"干敏肌"的锁水能力很差，皮肤屏障功能严重受损，外观上看起来缺乏光泽，容易起皱，有红血丝。

对抗"干敏肌"的首要任务是修复皮肤屏障。想要皮肤不干燥，需要及时、规律、足量地使用富含封闭成分、保湿成分、各类油脂与皮肤生物相关性高的乳液和膏霜。缓解皮肤敏感的同时，为皮肤提供充分的水分和脂质，修复受损的皮肤屏障，还要避免使用去角质、有收敛、美白抗衰老等功效的产品。

新生儿皮肤怎么保湿

新生儿的皮肤与成年人的皮肤差别较大。新生儿受母体孕激素的影响，刚出生时身上厚厚的一层油脂可以保护尚未发育完善的皮肤。所以新生儿皮肤干燥很可能是由于过度清洁导致的。这时可以给新生儿涂抹纯植物油脂，少用含有乳化剂和矿物油的乳霜，避免刺激新生儿皮肤。

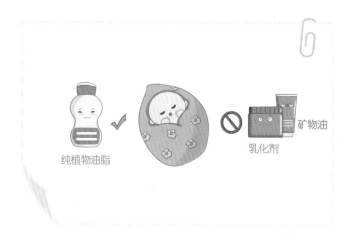

纯植物油脂   乳化剂   矿物油

同样的乳液，为何在不同地区使用效果不同

选择护肤品时需要遵循三个因素：皮肤类型、生活地区、所处季节。我们常常只考虑了自己的皮肤类型，却忽略了生活地区和所处季节这两个非常重要的因素。

皮肤类型

所处季节

生活地区

我国地大物博、幅员辽阔，四季更迭的速度不同，各地气候也不相同。比如，北方冬季寒冷干燥，南方冬季阴冷潮湿，所以有"干冷"和"湿冷"之分。换地和换季应使用不同类型的乳液。比如从湿润的南方回到干燥的北方，应该将乳液换成膏霜。在夏季、气候潮湿的时候，可以选择质地相对轻薄，含有不饱和脂肪油脂成分的保湿产品。在冬季，气候干燥的时候，可以选择质地相对厚重的，封闭性较强如矿物油脂、动物油脂成分的保湿产品。

涂保湿产品又闷又腻是怎么回事

许多日化类产品功效性和针对性不强，配方简单，添加的都是饱和脂肪油脂、矿物油，这对皮肤处在亚健康状态的朋友来说非常不适合，比如"敏感肌"、"大油田"、混合性皮肤等。含有矿物油类的产品（凡士林、鲸蜡硬脂醇）会令皮肤既不透气也不透水，感觉又闷又腻，容易长痘。而"敏感肌"人群因为皮肤不能代谢厚重的油脂会起小疹子，所以对于特殊的皮肤类型，含不饱和脂肪的乳液既能保湿好、为皮肤的修复保驾护航，更重要的是不会使皮肤感到闷腻。

另外根据季节选择适合皮肤的保湿产品也非常重要，因为肤感还与周围环境有关，比如气温每升高1℃，皮脂腺的分泌量就会增加约10%。所以如果在夏季使用含饱和脂肪油脂的乳霜，就会让皮肤透不过气，好比在夏日穿棉袄的感觉。而使用不饱和油脂功效性乳液，就可以清清爽爽，让皮肤也穿上"夏天的衣服"。

冬季应该如何护唇

嘴唇的皮肤很脆弱，角质层很薄。嘴唇没有皮脂腺、汗腺和毛孔，缺少油脂和汗液的滋润，所以到了干燥的冬季，嘴唇很容易起皮，加上涂一些口红或者唇彩会更加刺激唇部皮肤，所以唇部的保湿也相当重要。

干燥的冬季，我们觉得喝水可以改善嘴唇皮肤干燥的情况，但事实并非如此，如果喝水后不及时擦干水分，或者经常舔嘴唇，会让嘴唇的水分更快蒸发。

我们应该选择一款含有封闭性成分的唇膏（含矿物油成分），使唇部皮肤在一定的时间内与外界的空气"隔绝"，保持唇部皮肤水分充足。如果唇膏里还有角沙烯、尿囊素、维生素E，以及一些天然植物油脂等成分，可以维持较长时间不干燥。当然我们也可以直接涂抹芝麻油、橄榄油等不饱和性的植物油脂（花生油是饱和性的植物油脂）。

护唇的时间也相当重要，在用完餐、喝水后、睡觉前对唇部进行涂抹，在唇部干燥时尽量减少涂口红的次数或者不涂口红。

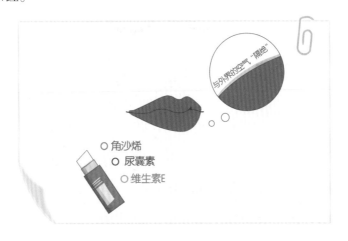

儿童的保湿产品适合成年人用吗

我们都知道成年人的保湿产品婴幼儿不能用，其实婴幼儿的保湿产品一样不适合成年人使用。婴幼儿的皮肤屏障功能尚未发育完善，皮肤很薄，也很少分泌油脂，醇类和水类会让婴幼儿的皮肤受到非常强烈的刺激。因此婴幼儿的保湿产品构成相对简单，没有添加保湿剂，而是油脂占了很大比例。成年人长期使用婴幼儿的保湿产品不能很好地满足皮肤日常护理的需求。若成年人长时间使用婴幼儿类护肤品，会降低成年人的皮肤持水能力，皮肤变得油腻或容易长痘。

防晒篇

防晒为什么是三大基础护肤动作之一呢？防晒防的是什么呢？防晒是不是一定要涂防晒霜呢？怎样做才算防晒呢？

　　我们先来了解一下防晒的历史。在公元前1500年，古埃及人发现接触太阳光会让皮肤颜色变深，而他们认为浅色皮肤比深色皮肤更有魅力，于是便在皮肤上覆盖无机黏土和矿物质粉末来减少接触太阳光。在公元前400年的古希腊，奥林匹克比赛盛行，运动员在太阳底下训练，为了展示自己的身材，他们将橄榄油涂抹在赤裸的身体上，并且撒上粉末便于互相抓握。长时间的户外活动让古希腊人发现，涂抹了橄榄油后，皮肤不容易被晒伤，还变得滋润有光泽，由此便拉开人类防晒史的序幕。

皮肤防晒基础知识

防晒化妆品的由来

随着织物加工业的发展，人类的防晒手段不仅局限在涂抹橄榄油上，他们还利用针织物做出各种防晒工具：面纱、长袍、兜帽……不过从古至今，人们最常用的防晒工具是遮阳伞。在古埃及、古中国等地方，硕大的遮阳伞被王公贵族所喜爱，帝王出巡时既可以用它遮阳避雨，又可以显示权威。到了18世纪，欧洲的名媛都带着遮阳伞出门，遮阳伞成为她们追逐潮流的随身必备物品。不过在18世纪以前，人们只有初步的防晒意识，还没有开始对紫外线的研究。

1801年，德国的约翰·惠勒·里特首次发现了紫外线。1820年英国的埃弗拉德是第一位提出黑色素可以防晒的人，但他的观点在当时受到了质疑与挑战。1878年奥地利人奥托·维尔发现丹宁酸对日光有防护作用，但因为它对皮肤有持久的染色性而未被商业使用。1918年澳大利亚的诺曼·保罗首次发现皮肤癌和日光暴露有直接联系。1922年德国人卡尔·埃勒姆·豪瑟和威廉·瓦勒第一次报道UV光与晒伤之间

的关系。随着工业文明的发展，人类对紫外线的认识越来越深入，各国科学家都开始关注研发防晒产品。

到了20世纪30年代，泳装的设计逐渐开放，将皮肤晒成古铜色成为一种时尚。随着"美黑"文化在欧美国家日渐流行，被晒伤人也越来越多。所以科学家们开始从化学防晒剂入手研究，最终在1928年，由埃米尔·克拉曼为莱恩和芬克公司开发的多萝西格雷防晒霜成为世界上第一支含化学成分的防晒产品。其中所含的化学防晒剂主要是水杨酸苄酯和肉桂酸苄酯。此后，各种防晒产品纷纷涌现。1932年拜尔公司发明了水溶性UVB防晒剂PBAS（苯基苯丙咪唑二磺酸），这是全球第一款UVB型防晒产品。

1935年，欧莱雅创始人尤金·舒勒推出了第一款助晒油产品，宣称这款产品能把紫外线对皮肤的伤害减少到最低，而且不会影响"美黑"效果，这款产品的有效性和声誉保持至今。

1938年，瑞士的化学家佛朗兹·格雷特研发出一款冰川防晒霜，这是世界上第一款广谱型防晒霜。

1942年，参与第二次世界大战的美军在战场上为了应对热带地区的紫外线，开始使用一种具有防晒功能的红色凡士林。它对长波及短波紫外线有不错的阻隔效果，而且价格便宜，所以成为当时军方的必备品。但由于它质地黏腻，不易清洗，最后并没有广泛使用。

1944年，美国的本杰明·格林将红色凡士林进行改造，变成了著名的水宝宝日晒霜。到了1962年，美国人弗朗茨·格雷特又引入了SPF值的概念，来衡量防晒产品的功效性。

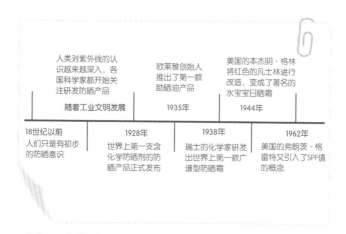

人类对紫外线的认识越来越深入，各国科学家都开始关注研发防晒产品

随着工业文明发展

欧莱雅创始人推出了第一款助晒油产品

1935年

美国的本杰明·格林将红色的凡士林进行改造，变成了著名的水宝宝日晒霜

1944年

18世纪以前人们只是有初步的防晒意识

1928年世界上第一支含化学防晒剂的防晒产品正式发布

1938年瑞士的化学家研发出世界上第一款广谱型防晒霜

1962年美国的弗朗茨·格雷特又引入了SPF值的概念

后来，随着科学家对紫外线研究的深入，防晒产品越来越成熟，出现了高SPF值的、物理化学防晒剂混合的、摇摇乐的、防水防汗型的防晒产品。不过防晒产品日渐丰富也伴随着商家们的炒作营销，恰好20世纪西方的消费主义盛行，人们错误地认为防晒等于涂防晒产品，把软防晒，即把涂抹防晒化妆品作为防晒的第一选择。

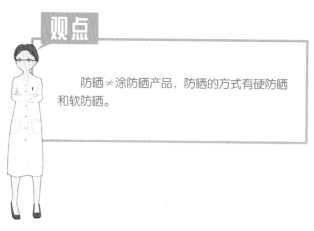

观点

防晒 ≠ 涂防晒产品，防晒的方式有硬防晒和软防晒。

防晒防的是什么

防晒肯定是防阳光晒呀！但阳光也有不同的波长，针对不同波长有不同的防晒方法。太阳光是种电磁波，它由三个波长组成，由长到短分别为红外线、可见光和紫外线。

光对人体是有生物学效应的，所以太阳光的三个波长对人体都有影响。但如果大家问防晒究竟防的是什么，可能很多人的答案都比较模糊：可见光？紫外线？热辐射？实际上，我们说的防晒是防止紫外线对人体产生不利的影响。

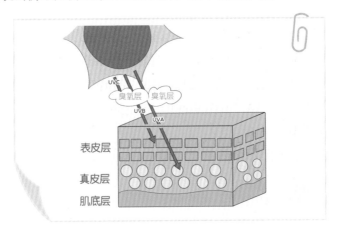

（1）红外线

红外线在光谱上位于红光外侧，其波长为770~1600nm。红外线具有很强的热效应，容易被物体吸收，能穿透云层到达地面。

（2）可见光

可见光的波长为350~770nm，是可以被人类肉眼看见的光。可见光经过三棱镜可以进一步分成红橙黄绿蓝靛紫，红色波最长，紫色波最短。

（3）紫外线

目前在皮肤临床及生物学领域，紫外线被划分成三种波长，范围为 100~400nm。

长波紫外线（UVA）的波长为 320~400nm，其中长波紫外线 UVA 又被划分为 UVA1 和 UVA2。UVA1 的波长为 340~400nm，UVA2 的波长为 320~340nm。UVA 的穿透力强，可以到达皮肤的真皮层，产生活性氧基团（ROS），间接损伤细胞的 DNA，破坏真皮层弹性胶原蛋白的合成，诱导黑色素合成增加，导致晒黑，出现光老化、光过敏反应等。

中波紫外线（UVB）的波长为 280~320nm，UVB 穿透力不及 UVA，主要作用于皮肤表皮及真皮浅层，爆发力强，直接损伤皮肤中的细胞，尤其是角质细胞的 DNA；同时可以产生自由基，对组织产生氧化损伤。此外 UVB 可以激活原癌基因，抑制抑癌基因的活性，可能导致皮肤癌变。

UVA 和 UVB 对皮肤的损伤是相互协同的。UVB 虽然主要被表皮吸收，但是它可以通过诱导皮肤的炎症反应，促进基质金属蛋白酶（MMP）表达，使胶原蛋白及弹力纤维变形，和 UVA 协同加速光老化。而且，UVB 不仅仅可以晒红皮肤，还能使炎症反应刺激黑素细胞合成黑素颗粒，参与迟发性黑化。

短波紫外线（UVC）的波长为 100~280nm，可以被地球的臭氧层阻挡。

紫外线对人体是一把双刃剑。一方面它帮助我们分泌多巴胺，促进钙离子的吸收，促进热体血液循环，但另一方面也可以让我们晒黑、晒伤、晒红、晒老，甚至引发皮肤癌。在太阳光谱中，红外线约占56%，可见光约占39%，紫外线约占5%，其中UVA占4.9%，UVB占0.1%。虽然红外线和可见光占据的比例高，但它们的能量弱于紫外线，对皮肤的伤害不及紫外线。

太阳光对人体健康存在利与害，我们说的防晒，实际上是预防紫外线对人体健康产生不利的影响。不过目前很多防晒产品只能对280～400nm波段的光起作用，超过400nm的防晒手段目前还很有限。所以在选择防晒产品时，尽可能选择广谱防晒。至于晒黑、晒老、晒红、晒伤，大家可能觉得这些问题不大，觉得偶尔黑一点、红一点无所谓，这种想法低估了紫外线的破坏力。

为什么皮肤科医生让大家做好防晒，而内科医生却鼓励大家多晒太阳？这不是相互矛盾吗？其实皮肤科医生、内科医生的建议都没有错。紫外线的强度每时每刻都发生着变化，比如10：00～14：00点，阳光的紫外线强；海拔高的地区比低海拔地区紫外线强。避开紫外线强的时间和地方，每天晒20分钟的太阳，足够合成人体一天生命活动所需的维生素D_3了。

内科医生　　　　　　　皮肤科医生

防晒化妆品的防晒原理是什么

在紫外线中，主要是UVA会让我们变黑，它能穿透我们的表皮到达真皮层，所以皮肤为了不让自己受伤，当UVA接触到皮肤时，它的防御机制就会启动，基底层黑色素细胞马上带我们抵御紫外线的伤害。黑色素一多，皮肤自然就会发黑，这就是为什么我们会被晒黑的原因。

但是防晒化妆品里，究竟含有什么"科技"能防止我们晒黑呢？

（1）化学防晒剂

化学防晒剂又称为有机防晒剂，这个家伙可谓是"勇士"，它通过"牺牲"自己来吸收紫外线，把紫外线再以热能或无害的可见光效应释放出来而达到防晒目的。目前国际上研发出来的化学防晒剂约有60种，但出于安全性考虑，每个国家对化学防晒剂都有严格要求。所以现在常见的化学防晒剂有以下几种。

①对氨基苯甲酸（PABA）及其酯类和同系物：UVB吸收剂。PABA上市最早，但它是一种常见的光致敏源，对皮肤有一定的刺激性，目前好的防晒产品很少添加该成分。

②邻氨基苯甲酸酯类：UVA吸收剂。与PABA一样，对皮肤刺激性大而且吸收率低，优点是价格便宜。

③水杨酸酯类：UVB吸收剂。吸收率低，价格低廉，常用于提高二苯酮类防晒剂的溶解度。

④二苯酮及其衍生物：UVA、UVB皆可吸收，但它对UVA、UVB的吸收率低。该成分吸收的紫外线光谱宽，所以是很多产品都添加的防晒剂。其中羟苯甲酮最为常用，但它有光毒性，所以一般含有羟苯甲酮的产品需要在外包装上标注警示用语。

⑤甲烷衍生物：高效的UVA吸收剂，一般用于配制高SPF值的防晒产品，如Parso 11789。但Parso 11789的光稳定性差，紫外线照射后会大幅度降解，防护能力很快下降，需要多次补涂。

⑥樟脑系列：UVB吸收剂。该成分稳定性高，皮肤吸收少，刺激性低，无光致敏和致突性。其中甲苯亚甲基樟脑常用于"美黑"产品中，欧美的防晒产品中比较常见。

目前大部分防晒产品都含有化学防晒剂，所以我们从户外回到家第一时间要进行面部清洁，这些化学防晒剂残留在皮肤上会对皮肤造成负担，尤其是敏感肌肤。

（2）物理防晒剂

如果化学防晒剂是"武将"，那么物理防晒剂就是"文官"了。物理防晒剂又称无机防晒剂，它不吸收紫外线，而是通过反射和散射的原理减少紫外线对皮肤的伤害，起到物理屏蔽的作用。无机防晒剂通常是一些不溶性粒子或粉体组成，如二氧化钛、氧化锌、高岭土、滑石粉、氧化铁，等等。物理防晒剂对皮肤的影响小，但是分子量很大，质地厚重粘连，亲肤感不好。不过随着技术发展，现在已经有纳米级分子量的物理防晒剂了，比如纳米级钛白粉、小分子氧化锌，纳米技术让物理防晒剂的亲肤感大大增加。

化学防晒剂与物理防晒剂对比

	化学防晒剂	物理防晒剂
优点	颜色自然 容易涂抹	稳定 安全 防护能力强
缺点	防护能力弱 不稳定 可能产生副作用	颜色发白 质地厚重，有可能堵塞毛孔

（3）生物防晒剂

生物防晒剂不会正面抵御紫外线，而更像一名"铲屎官"，生物防晒剂能帮助皮肤清除或减少被紫外线辐射后产生的氧自由基，从而达到阻断或减缓组织损伤，促进晒后修复的功能。常用的生物防晒剂有各类植物提取物，比如葡萄籽、芦荟、人参、燕麦提取物；有多种维生素合成：维生素E、维生素C、维生素PP；还有一些生物提取物，比如SOD、EGF、CMG、辅酶Q_{10}等。

除了能清除或减少自由基，生物防晒剂还有提高防晒体系的SPF值、抗氧化保护产品里其他的活性成分、修复晒伤皮肤等辅助功效。我国对防晒化妆品的检验审批很严格，防晒产品不可以宣传其他功效用途，所以别看生物防晒剂功效很多，但不要指望生物防晒剂能抗衰老、修复皮肤。

现在市面上好的防晒化妆品多半都是化学防晒剂加物理防晒剂，再适当添加一点生物防晒剂组成的，这种搭配可以更全面地抵御紫外线对皮肤的伤害。

"硬防晒"应该如何选择

说起防晒产品，多数人第一时间想到的就是防晒霜、防晒喷雾等"软防晒"产品。遮阳伞，防晒口罩、防晒衣、遮阳帽等"硬防晒"产品可以遮挡身体裸露的部分，从而防止紫外线对皮肤的伤害。硬防晒和软防晒一样有功效指标，一般是UPF值、T（UVA）AV值。

UPF（ultraviolet protection factor）：指纺织品防紫外线的性能，主要强调防护UVB的效果。如UPF50，就意味着只有1/50的紫外线可以透过纺织物。

T（UVA）AV：指紫外线UVA频段的透射率。我国规定，一般紫外线防护系数（UPF）＞40，且长波紫外线（UVA）的透过率（AV）＜5%的产品才能被认为"高效防紫外线产品"。

明白了这两个硬防晒指标后，让我们看看硬防晒产品应该怎么选择。

（1）遮阳伞

遮阳伞和雨伞是两种功能不一样的伞，虽然雨伞可以抵挡一部分紫外线，但是遮挡能力有限。什么样的遮阳伞能满足防晒要求呢？

首先看标签。一般标签上标注了UPF值和T（UVA）AV的，才是真正意义上的遮阳伞。推荐购买UPF＞40且（UVA）AV＜5%的遮阳伞。遮阳伞一般可以晴雨天两用，除非产品标明"不具备防雨性能"。

其次看颜色。一般伞的颜色越深，防紫外线的能力越强。但是透光的伞也并不意味着防晒力差。我们说的防晒实际指紫

外线的透过率，而不是肉眼可见的光。

最后看伞型。紫外线是散发着到达地面的，而不是直角照射，因此选购遮阳伞时尽量选择面积大、弧度大的款式。

（2）防晒口罩

看标签。UPF＞40且（UVA）AV＜5％

看颜色。一般防晒口罩颜色越深，紫外线的遮挡率越高。

看大小。选购防晒口罩时尽量选购面积大的，现在市面一般有露鼻式和非露鼻式两种款式。防晒口罩一般只能遮盖眼睛以下，需要配合其他产品全面防晒，如防晒眼镜、防晒帽子等。

（3）防晒衣

看标签。UPF＞40且（UVA）AV＜5％。平时穿的衣服虽然也有一定的防晒功能，但是防晒衣防紫外线的能力更强，因为防晒衣的布料是专门为防晒而制作的。

看颜色。颜色鲜艳的衣服（深红、深蓝、墨绿等）对紫外线的防护能力较好。

看布料密度。防晒衣的纺织密度越高，防护能力越好。譬如一件半透明的雪纺衣不如一件长袖T恤防护能力强。细纤维、深色、厚布织物的防晒能力要优于粗纤维、浅色、薄布织物，所以有些深色长袖T恤的防晒能力不一定比防晒衣差。

（4）防晒帽

看标签。UPF＞40且（UVA）AV＜5％。

看大小。尽量选择帽檐直径大于10cm的防晒帽。鸭舌帽和棒球帽的防护面积太小，只能防护头皮、额头等部位，不能全脸防护，需要配合其他硬防晒手段才能起到比较好的效果。

（5）防晒眼镜

看标签。执行标准：QB2457-1999及GB10810.3-2006。

看颜色。一般只要符合国家执行标准的防晒眼镜，都能有效阻隔99%以上的UVB及95%以上的UVA，黑色的防护墨镜效果更好。

看面积。镜片的面积越大，防护的面积越大，能有效防护眼睛周围的皮肤不受损伤。

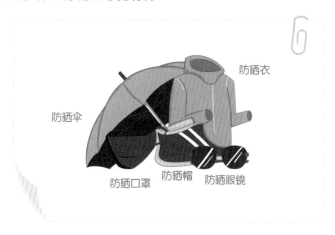

如何辨别防晒化妆品的效果

一般在防晒产品的外包装上都会标有SPF30、PA+这样的字眼，它们代表什么意思呢？防晒产品SPF值越高越好吗？它们的标识是怎样得来的呢？目前防晒类化妆品有两类标识，SPF和PA指的是防晒产品的防晒能力。

SPF主要用于评价防晒产品对中波紫外线（UVB）的防护能力，也就是防止皮肤晒红、晒伤的能力。SPF值是涂抹防晒化妆品后皮肤产生的红斑所需的MED（紫外线辐射最低剂量或最短产生红斑时间）与未防护皮肤产生红斑所需的MED之比，公式表示如下。

$$SPF = \frac{涂抹防晒化妆品防护皮肤的 \mathit{MED}}{未防护皮肤的 \mathit{MED}}$$

我们来看一个实验，A组受试者裸露皮肤，不做任何防护；B组受试者在皮肤表面涂抹$2\,mg/cm^2$的防晒剂。两组受试者在同样强度的紫外线下照射，看看多长时间会晒出红斑。假设A组出现红斑的时间为20分钟，而B组出现的时间为300分钟，那么在紫外线辐射量一定的情况下，该防晒剂的SPF值为15。

SPF是全球范围内都认可的、评价防晒剂的光保护作用的参数。通常来说，SPF值的高低从客观上反映了防晒产品对紫外线防护能力的大小。美国的食药监局（FDA）在1993年规定：最低防晒产品的SPF值为2～6，中等防晒产品的SPF值为6～8，高度防晒产品的SPF值为8～12，高强防晒产品的SPF值为12～20，超高强防晒产品的SPF值为20～30。

SPF值测定除了人体测试法，还有机器测试法和公式测试法。机器测试法是把防晒剂放在机器内部测试，公式测试法是根据防晒剂的种类和用量按公式去算，两种方法测出来的结果与实际的结果差异很大，但在一些国家是允许的。

防晒产品除了有SPF值，还有PFA值。PFA值是用来评价防晒产品对长波紫外线（UVA）的防护能力，也就是防止皮肤晒黑的能力。PFA值是指涂抹防晒化妆品后，皮肤产生黑色素所需的紫外线辐射最低剂量或最短产生黑色素时间（MPPD）与未被防护的皮肤产生黑色素所需的MPPD之比，公式如下：

$$PFA = \frac{使用防晒化妆品防护皮肤的\mathit{MPPD}}{未防护皮肤的\mathit{MPPD}}$$

PFA的测试方法和SPF的测试方法一样，只是将产生红斑的时间改为产生黑色素的时间。如果在不使用防晒剂的情况下，MPPD为30分钟；而使用防晒剂的情况下，MPPD为120分钟，在紫外线辐射量一定的情况下，该防晒剂的PFA值为4。

为了使消费者不混淆概念，PFA值可以转化成PA强度系数，PA后+越多，说明该防晒剂防护UVA的能力越强。

PFA值为2~4时，则PA+，表示有防护作用。

PFA值为4~8时，则PA++，表示有良好防护作用。

PFA值为8以上时，则PA+++，表示有最大防护作用。

由于各国法规的不同，尽管有些产品没有在外包装上标注PA，但不代表产品没有防护UVA的能力。譬如欧洲系防晒化妆品讲究UVA和UVB的关联，PFA值必须大于SPA值的1/3才可在产品上出现PA的标识。所以，如果一个SPF50+的防晒产品上标有画圈的UVA标志，意味着它对UVA的防护指数应该在16以上，也就是PA++。美系防晒化妆品在防UVA标识方面比较随意。他们会在有机玻璃板上做体外实验，如果产品的SPF值大于15，而且计算得出长波紫外线（UVA）的吸收值占总的辐射人体的紫外线波段（UVA+UVB）吸收值的10%以上，就可以在产品外包装上标注"Broad Spectrum"（广谱防晒）标志，说明该产品有防UVA的能力，但至于有多强，无法判断。

另外，一般具有防水效果的产品都会在外包装上标注"防水防汗""适合游泳等户外活动"的字样，由于夏季出汗多，很多防晒产品都有防水防汗的功能，涂抹这些产品后需要使用卸妆产品清洗。

值得一提的是，防晒产品在我国属于特殊用途类化妆品，需要获得我国市场监督管理总局的批准文号才能上市。想获得"国妆特字号"需要递交产品小样和申请书，受理以后进行一系列的检测和斑贴试验，从生产申报检测到审批大约需要3年的时间。但是在利益的驱动下，很多商家都用BB霜、隔离霜、妆前乳等名称代替防晒霜，并且宣传其有良好的防晒功能，以此逃避3年的审查期。

那要怎样检验防晒产品是否符合国家规定呢？通过备案审批的防晒产品在外包装上有国妆特字（××）号，如果是进口的防晒化妆品除了特字号外，还要有国妆进字（××）号，批号在国家市场监督管理总局官网可以查到，商标和产品名称都是一对一的，不可以冒用、套用。而且2015年版的《化妆品安全技术规范》中列举了27种允许使用的防晒剂成分，详细规定了它们的最大使用浓度，且必须按规定测试后才能标明防晒指数。

同样属于特殊用途化妆品的还有育发、染发、烫发、脱毛、美乳、健美、除臭、祛斑美白等产品，这些都是需要国妆特字文号才能上市的产品。所以你可以看看家里的防晒产品包装上有没有标注国妆特字号，然后再去国家市场监督管理总局的官网上查一查，很大程度上可以辨别这些产品合不合格。

如何分辨防晒产品是防晒黑还是防晒伤

我们涂抹防晒霜的目的一般都是为了防止晒黑或晒伤，而引起我们晒黑的主要原因是紫外线中UVA，引起晒红、晒伤的主要是UVB。因此，我们可以通过外包装的SPF值和PA值、防晒成分表来判断防晒霜是以防晒黑为主还是防晒伤为主。

SPF值是指防晒化妆品对紫外线中UVB的防护值。SPF值的高低从客观上反映了防晒化妆品防护能力的大小，但是从维护皮肤的健康角度来说，SPF15已经足够日常通勤使用。

PA表示防晒化妆品对紫外线中UVA的防护值。但是目前全球对PA没有统一的测定方法，日系的防晒化妆品标志用PA+、PA++、PA+++表示，而欧洲的防晒化妆品不用PA，而是用UVA和+来表示。

目前，市面上防晒化妆品的外包装都标有SPF值和PA值，都具有防晒黑和防晒伤的功效。

防晒化妆品防晒黑或防晒伤的功能是依靠防晒剂实现的。目前在国际上可用的防晒剂有60多种，但出于安全考虑，我国批准的防晒剂有27种。

只防UVA的成分：氧化钛、二乙氨基羟苯甲酰基苯甲酸己酯（Uvinul Plus）、双-乙基己氧苯酚甲氧苯基三嗪（Tinosorb S）、对苯二亚甲基二樟脑磺酸（Mexoryl SX）、丁基甲氧基二苯甲酰甲烷（Parso 11789）、苯酮类。

只防UVB的成分：甲氧基肉桂酸乙基己酯、胡莫柳酯、奥克立林、水杨酸乙基己酯。

UVA、UVB都防的成分：亚甲基双-苯并三唑基四甲基丁基酚（Tinosorb M）、甲酚曲唑三硅氧烷（Mexoryl XL）

	成分
只防 UVA	氧化钛、二乙氨基羟苯甲酰基苯甲酸己酯（Uvinul Plus）、双-乙基己氧苯酚甲氧苯基三嗪（Tinosorb S）、对苯二亚甲基二樟脑磺酸（Mexoryl SX）、丁基甲氧基二苯甲酰甲烷（Parsol 1789）、苯酮类
只防 UVB	甲氧基肉桂酸乙基己酯、胡莫柳酯、奥克立林、水杨酸乙基己酯
UVA UVB 都防	亚甲基双-苯并三唑基四甲基丁基酚（Tinosorb M）、甲酚曲唑三硅氧烷（Mexoryl XL）

目前防晒化妆品的配方体系中，会将几种防晒剂联合使用，同时防护UVA、UVB。

观点

目前市面上的防晒化妆品同时具有防晒黑和防晒伤的功效，但是使用防晒化妆品更该注重按需选择，不能一味追求高倍的防晒数值。足量、及时补涂、手法正确才是发挥防晒化妆品功效的关键。

阴天和冬季也要防晒吗

阴天、雨天容易让人觉得紫外线不强烈，可以不用防晒。其实即使是阴天，长时间在户外活动，皮肤也会被晒黑，因为紫外线一年四季都存在。不能单纯依靠对天气的感觉判断紫外线的强度，特别是高海拔、低纬度地区。影响紫外线强度的因素有很多，天气只是其中之一。

紫外线强度又称紫外线指数（The UV index），是指当太阳在天空中的位置最高时（一般是在中午前后、即10点～15点），到达地球表面的紫外线辐射对人体皮肤可能损伤的程度。紫外线的强度主要与以下因素有关。

天气。紫外线强度与云层厚度有关，云层会阻隔一部分紫外线。紫外线辐射强度为：晴天＞少云＞多云＞阴天，而少云、多云、阴天的紫外线辐射强度分别是晴天的90%、80%、70%。由此可见，即便是阴天，到达地面的紫外线辐射量并没

有减少多少。另外，北方下雪时，紫外线的辐射强度也会因为雪的反射而增强（滑雪时为什么要带护目镜呢？雪不仅会反射阳光，也会反射紫外线）。

太阳高度角。其实是指太阳光与地面的角度，它与太阳直射点、纬度，以及正午时间有关。简单地说中午紫外线辐射强、夏季紫外线辐射强、低纬度地区的紫外线辐射强。

海拔。海拔越高太阳辐射量越大（一般每升高 1000 米，辐射强度约增加 10%）。

所以最好不要凭感觉判断紫外线强弱，阳光少的地方紫外线不一定弱；阳光好的地方紫外线也不一定非常强（假设你住在高纬度、低海拔地区，冬季且空气环境良好）。因此，我们需要一年四季都涂防晒化妆品，还要看天气预报里的"紫外线指数"来帮助我们做出更好的防晒选择。

我国气象局为了方便公众对紫外线强度的理解和记忆，将紫外线强度用 0~10 的数值表示。根据这些数值，将紫外线强度划分为 5 个等级：

指数 0~2，一般为阴天或雨天，此时紫外线强度最弱，预报等级为一级。

指数 3~4，一般为多云天气，此时紫外线强度较弱，预报等级为二级。

指数 5~6，一般为少云天气，此时紫外线强度较强，预报等级为三级。

指数 7~9，一般为晴天无云，此时紫外线强度很强，预报等级为四级。

指数值达到或超过 10，一般为夏季晴天，紫外线强度特别强，预报等级为五级。

预报等级为一级时，紫外线对人体的影响并不明显，可以不用涂抹防晒化妆品，简单的"硬防晒"就可以。当预报等级为二级及以上时，紫外线对皮肤有明显的伤害，防晒措施需要做到位，不能松懈。

观点

防晒的正确做法是通过紫外线指数预报按需做出的合适的防晒措施，而不是凭感觉。

在室内要防晒吗

紫外线根据波长划分为三个波段：UVA、UVB、UVC。UVC是名"短跑运动员"，还没到达地球表面，就已经被臭氧层拦住了。UVB属于"中长跑运动员"，耐力强，可以到达我们的皮肤表面，直接损伤皮肤细胞DNA，引起红斑。而UVA是名"长跑运动员"，有耐力，可以直接到达我们皮肤的真皮层，引起皮肤晒黑，加速皮肤老化。在紫外线中，UVA约占95%，UVB约占5%。

防晒有一个"ABC"原则，A表示avoid（避免接触紫外线）、B表示block（遮盖阻挡），C表示cream（涂抹防晒），它们抵御紫外线能力大小为：A＞B＞C。可见，防晒的秘诀在于不被晒到，那么我们是不是待在室内，避免接触紫外线（使用A原则），就能远离紫外线的伤害呢？答案是不一定。

UVB属于中长波，它可以被玻璃窗阻挡，但仍然有62.8%的UVA可以穿透玻璃进入室内，如果长时间在窗边活动，过量的UVA可能会伤害我们的皮肤，引发皮肤光老化。

所以想要延缓皮肤衰老，B和C原则也要好好利用起来。假设我们办公、学习的区域是靠近窗边的，可以使用窗帘遮挡阳光，或者给窗户贴上防紫外线的专用膜，也可以涂防晒化妆品。C原则中优先考虑低倍数的纯物理防晒产品，因为纯物理防晒产品光稳定良好，在没有暴汗的前提下，可以维持较长时间的防护能力，减少补涂次数。此外，在选择防晒化妆品的同时，应该关注PA值，而不是SPF值，因为室内主要抵御的是UVA。

对室内的人造光源是否也需要防晒呢？有研究表明，生活中我们接触的光源都存在紫外线辐射，但是由于发光原理不同，产生的紫外线辐射程度也不一样。其中白炽灯、LED灯、金卤灯的紫外线辐射相对较低，不会对人体皮肤造成危害，可以忽略不计。而节能灯的发光原理是用紫外线激发荧光粉，紫外线辐射较前面几种光源更高，近距离照射会对皮肤造成伤害。而紫外线杀菌灯的辐射是最强的，对人体的伤害也是最大的，所以紫外线灯开启时应该避免接触，采用A原则。

观点

在室内主要防UVA，所以选择防晒化妆品时，应关注的是PA值，而不是SPF值。

防晒化妆品用多少才有效

你是否有这样的困惑：明明用了高倍数的防晒化妆品，为什么还是被晒黑了呢？其实，防晒化妆品的用量也很关键。

防晒化妆品为什么一定要涂抹足量呢？无论是高倍数还是低倍数的防晒化妆品，它的有效防晒值都是在实验室里用足量的前提下测出来的。但现实生活中，很少人能达到这个标准用量。据统计，日常人们防晒产品的平均用量还不到理论用量的一半，防晒产品没有完全覆盖皮肤，意味着有效保护面积不足，紫外线仍然可以照到皮肤上。这也是为什么有人去海边时尽管用了SPF50的防晒产品、躲在遮阳伞底下，还会被晒黑的原因之一。

防晒的用量应该怎么把握　　每次防晒用量约"1元硬币"的面积和重量

想要达到防晒产品的理想效果，我们需要用多少的量呢？答案是皮肤的2mg/cm²。举个例子，假设一名身高1.65m、体重50kg的女性，她的体表面积约2.16m²面部约占成年人体表面积的3%，面部需要的防晒剂量≈2.16×3%×2×10000/1000，大约1.3g左右。

这个数值比较抽象，我们在日常生活中不方便用如此严密的公式去衡量，所以面部防晒用量约等于"1元硬币"的面积和重量，虽然每款防晒产品的密度不一样，但这种方法比较便洁。但是如果你还觉得"硬币方法"太麻烦，那你只需要记住多用比少用效果好，特别是在海边需要全身防晒的时候。

影响防晒效果还有一个原因：长时间待在户外没有补涂防晒霜。只涂一次防晒霜，不能保障一天之内都能抵御紫外线对皮肤的伤害。化学防晒剂接触紫外线后，会一边抵御紫外线，一边自行降解，导致防晒能力急速下降。此外，流汗、擦脸等原因，也造成了防晒霜的流失。所以如果长时间在室外活动，应每两小时补涂一次防晒霜。

很多人喜欢用高倍数的防晒产品，即SPF值＞30，但高倍数的防晒产品非常黏腻，体验感不好。因此，如果不是长时间接触阳光，可以选择清爽型的防晒产品，避免因为黏腻感而减少防晒产品的用量。

值得注意的是，防晒产品最好在出门前20分钟涂抹。提前涂抹防晒产品是为了利用这段时间使防晒产品的水分挥发，让成膜剂充分地展开形成平滑的防护膜。防晒产品是用来保护皮肤的，而不是让皮肤吸收的，所以只需要把防晒产品轻轻推开即可，不要揉搓按压拍打破坏它的乳化体系。同时，防晒产品也是白天护肤的最后一个步骤，即清洁→爽肤水→乳液→防晒产品，等乳液吸收后再使用防晒产品，防晒产品尽量涂得厚一些，而且手法要轻，切记直接将防晒产品涂在脸上。

最后提醒大家，要选购正规商家的防晒产品。防晒产品是国家把控最严格的化妆品之一，因此，选购正规商家生产的防晒产品，可以保障安全性。此外，随着"网红带货"现象的兴起，一些"三无"产品借由价格低廉、网红推荐迷惑消费者，所以我们要睁大眼睛，防止被骗。

观点

防晒产品是一把双刃剑，它能帮助皮肤抵御紫外线的同时，也会对皮肤也会造成威胁。

急性晒伤后应该怎么办

夏季是一个容易让人联想到海边、沙滩、西瓜的季节。穿上精心挑选的泳衣，化个美美的妆，在海边沙滩摆各种姿势拍照，最后修修照片，上传朋友圈，收获无数的点赞。但是美的背后，可能会付出急性晒伤的代价——皮肤红肿热痛，脱皮、水疱，等等。

急性晒伤往往是短时间接触大量紫外线引起的。夏季紫外线的辐射是全年最强的，由于海边、沙滩折射紫外线，皮肤很容易被晒伤。

日晒伤，又称为日光性皮炎，是人体皮肤被日光过度照射后发生的光毒性反应，主要表现有红斑、水疱、脱屑等，伴有疼痛，瘙痒等主要症状。更甚者可伴有倦怠、恶心呕吐、畏寒发热、休克等症状，皮疹消退后皮肤可能有色素沉着等改变。

对于急性晒伤，我们要分症状的轻重进行治疗：

如果刚刚出现红斑、水疱、脱屑，那么你需要：①补充水分。短时间大剂量的日光照射会引起体内水分的丢失，皮肤的水分来自身体内部，补充水分保证身体不会处于脱水状态。②干冷敷。干冷敷可以起到镇静舒缓的作用。用冰袋，隔着毛巾、纸巾冷敷，可以缓解发红和刺痛的地方，30分钟即可。没有冰袋，可以使用喷雾。③修复皮肤屏障。强烈的紫外线可以引起皮肤屏障功能受损，经皮水分丢失增加。因此，尽量选择可以帮助修复皮肤屏障的护肤品，用温水清洁，不使用皂基，选用含有神经酰胺、角鲨烷等成分的护肤品进行保湿。④避免食用含有呋喃双香豆素的蔬菜和水果。含有呋喃双香豆素的食物会引起或加重日光性皮炎。常见的含呋喃双香豆素的蔬果有香菜、芹菜、胡萝卜、小白菜、油菜、萝卜叶、马齿苋、芥菜、无花果、橙子等。⑤避免乱用药物。有些药物可以引起光敏反应及光毒性反应，如四环素、米诺环素、多西环素、氯噻嗪类利尿药、磺胺类及喹诺酮类等。

如果你已经出现畏寒怕热、头痛、恶心呕吐等症状，说明已经重度晒伤了，请及时就医，不要自己滥用药物。

无论是轻症还是重症，急性晒伤第一时间要避免再次接触紫外线。同时，急性晒伤不仅发生在海边沙滩，学车、登山、游泳时都有可能发生，因此需要引起足够的重视。

"敏感肌"如何防晒

"医生，防晒是不是一定要用防晒霜啊，可是我一用防晒霜很容易过敏。但是听说不防晒，很容易光老化、被晒黑，进一步加重敏感，我该怎么办？"我在临床中经常遇到这样的患者，本身皮肤很敏感，但是不防晒又不行，难道防晒和"敏感肌"就不能共存吗？

很多"敏感肌"患者平时非常注意，譬如用温水洗脸，不频繁卸妆，涂乳液保湿……但对如何防晒总是拿不准。涂防晒霜，刺激很大；不涂，又会被晒黑。当"敏感肌"不做任何防晒的措施时，UVB和UVA会"双剑合璧"，让本来已经受损的皮肤屏障"雪上加霜"。

"敏感肌"该怎样防晒呢？其实防晒不仅仅等于涂防晒霜，还包括戴帽子、防晒口罩，打遮阳伞等，这些物理遮挡手段是"敏感肌"的首选。当然"敏感肌"也不是不能用防晒霜。比如，皮肤处于稳定期时，可以使用低倍数的只含物理防晒剂的防晒霜，因为高SPF的物理防晒霜难以清洁，需要配合清洁能力更强的清洁产品才能洗掉，而"敏感肌"不适宜强力清洁。化学防晒剂光稳定性差，容易渗透皮肤，也不适合"敏感肌"使用。此外高倍数的防晒霜往往使用酒精来改善使用时的体验感，而"敏感肌"多数对酒精感到刺激。

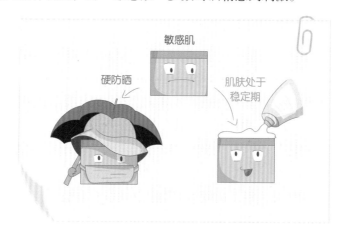

儿童如何防晒

人在不同年龄阶段，皮肤的生理结构不同，所以儿童防晒与成年人防晒略有区别。一方面，儿童的皮肤结构组织不够致密，角质层的厚度比成年人薄20%～30%，真皮的总厚度也比成年人薄，因此儿童的皮肤屏障功能还不健全，黑色素细胞较少，长时间暴露在阳光下容易晒伤。另一方面，儿童皮肤的脂肪含量较高，对脂质类成分的渗透性也比成年人高，不宜使

用有刺激性的护肤品。

此外，儿童对紫外线的红斑反应在不同年龄阶段各有特点。出生15天以内的新生儿由于神经系统发育尚不完全，对紫外线照射几乎不产生红斑反应；两个月以后，婴幼儿的皮肤细胞逐渐发育，对紫外线的敏感度逐渐提高；到了3岁，幼儿的皮肤对紫外线照射的敏感度达到高峰。再往后又会逐渐减低，3~7岁儿童皮肤的紫外线照射敏感度比成年人低，青春期开始就会逐渐接近成年人。

正是由于儿童皮肤生理结构非常娇嫩，所以儿童的防晒工作更要小心翼翼，不过总体原则还是坚持ABC原则：Aviod（避免紫外线）、Block（遮盖阻挡）、Cover（涂抹防晒产品）。稍有不同的，在于"C原则"。

儿童的皮肤结构不够致密，不能使用含有化学防晒剂和生物防晒剂成分的防晒霜。化学防晒剂光稳定差，容易渗透进皮肤，会给儿童皮肤带来负担，所以儿童防晒只能使用纯物理防晒剂。

那么，儿童如何防晒呢？我们可以看一看美国儿科学会的建议：

①6个月内的婴儿要避免直接暴露在太阳光下，可以待在树荫、遮阳伞或者婴儿车下遮蔽；10：00~16：00紫外线辐射最强，要避免照射（防晒A原则）。

②婴儿外出时，衣服要覆盖全身，包括四肢和头部，必要时需戴帽子（防晒B原则）。

③衣服质地尽量致密，不要穿过于宽松的衣服。帽子要能遮盖面部、耳朵和后颈。

④6个月内的婴儿，在衣服不能覆盖的区域，如面部可以涂抹防晒霜；6个月以上的婴儿可以全身涂抹防晒霜，但要避开眼周（以免揉眼睛），长时间待在户外需要注意补涂。

⑤即使在阴天也需要做好防晒。

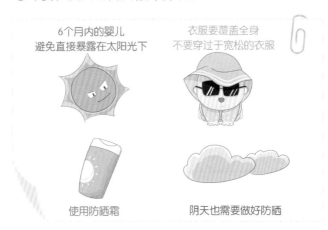

6个月内的婴儿
避免直接暴露在太阳光下

衣服要覆盖全身
不要穿过于宽松的衣服

使用防晒霜

阴天也需要做好防晒

美国儿科学会的建议，看上去好像儿童不能接触一点儿阳光。为什么国内的医生建议儿童可以适当晒太阳呢？到底哪个说得对？

实际上，欧美人注重防晒是因为他们本身缺乏黑色素保护，不注重防晒的话，色斑、晒伤、皮肤癌的发生率要远远高于其他人种。所以黄种人是幸运的，有足够的天然紫外线保护器——黑色素。所以美国儿科学会的防晒建议，我们看一看，做一个了解即可，还是要"因地制宜"，根据我们自身的特点，尽可能采用遮盖的方法，或者选择紫外线不强的时间段进行户外活动。

有的家长担心如果防晒工作做得一丝不苟，会不会影响孩子的生长发育？对于这个问题不需要过分担心。通常来说，只要每周让母乳喂养的婴幼儿户外活动满2小时，仅暴露面部和手部，即可维持婴儿血25-OH-D3浓度在正常范围的低值（>11ng/dl）。

因此，如果想通过晒太阳补充维生素D，可以选择在紫外线辐射相对弱的时间段进行，比如上午和黄昏日落前，每次户外活动30分钟即可。

观点

目前没有一款真正意义上的儿童防晒霜！建议婴幼儿和儿童防晒尽可能采用遮盖的方法，或者选择紫外线不强的时间段进行户外活动。

防晒技巧解密

如何挑选适合自己的防晒霜

相信不少人在买防晒霜时都有过"买一支高系数的防晒霜可以一劳永逸"的想法。但是这种想法对吗？

防晒霜有两个重要的系数，一个是SPF值，一个是PA值。SPF值主要针对UVB，防止皮肤晒红、晒伤，PA值主要针对UVA，防止皮肤晒黑、光老化。但是紫外线的波段是人为划分的，实际上UVA也能让皮肤晒红、晒伤，UVB也能让皮肤晒黑、晒老，只是不占主要因素而已。SPF10可阻隔9/10的UVB，透过1/10的UVB；SPF20可阻隔19/20的UVB，透过1/20的UVB；SPFx可阻隔（x-1）/x的UVB，透过1/x的UVB。

如此看来SPF值越高，阻隔UVB的能力越强，真的如此吗？准确来说，SPF值与阻隔UVB的能力是非线性正相关。举个例子，SPF15的防晒霜能阻隔约93%的紫外线，SPF30的防晒霜能阻隔约96.67%的紫外线，而SPF50的防晒霜能阻隔约98%的紫外线。这说明SPF30和SPF50的防晒能力只相差1.3%，哪怕SPF值提升一倍，阻挡的UVB也只是多了1%～2%。

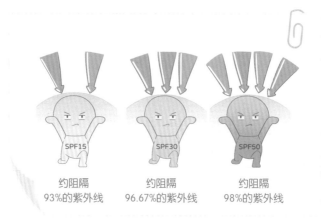

约阻隔
93%的紫外线

约阻隔
96.67%的紫外线

约阻隔
98%的紫外线

如果我们不分场合、地点，使用高SPA的防晒霜，其实不是一个明智的选择。防晒化妆品的成分容易对皮肤产生负担，尤其是化学防晒剂。而且现在很多经过纳米化处理的物理防晒剂颗粒具有很高的活性，容易生成氧自由基，很可能会加速皮肤衰老。

那高SPA的防晒霜是不是就没有存在的意义了呢？不是。SPF值是在相同的辐射强度或相同照射时间下测试得出的，但紫外线的强度不是一成不变的，每个人暴露在阳光下的时间也是不一样的。紫外线强度中午比早晚高、海滩比城市高、山顶比山脚高、高原比平原高、南方比北方高……如果你在紫外线强的地方，SPF50的功效可以比拟SPF30；在紫外线弱的地方，SPF30的功效可以比拟SPF50。还要根据时间、地点的不同选用不同SPF值、PA值的防晒霜，这样才能最大化地保护皮肤，同时又不会伤害皮肤。

高倍数的防晒产品从另一个程度弥补了用量不足的问题。防晒产品的效果要达到标注的防晒指数，需要使用$2\mathrm{mg/cm}^2$，但实际上很多人只用 $0.5 \sim 1\text{mg/cm}^2$，所以同样使用 0.5mg 防晒产品，SPF30 的防晒效果比 SPF15 的好。

挑选防晒产品时，要根据你的生活环境、季节、皮肤情况，选用合适的防晒霜。

生活在平原、北方地区的人：春夏季选用 SPF ＞ 30、PA++ 防晒产品；秋冬季选用 SPF ＞ 15、PA+ 的防晒产品。生活在高原、南方地区的人：春夏季选用 SPF ＞ 30、PA+++ 防晒产品；秋冬季选用 SPF ＞ 20、PA++ 的防晒产品。

观点

SPF值、PA值只起到参考作用，不同SPF值是为了应对不同的紫外线轻度，根据时间、地点的不同选用不同系数的防晒产品，能最大程度的保护皮肤。

涂完防晒霜需要卸妆吗

一些化妆品导购说，涂了防晒霜之后一定要卸妆，不然防晒霜会残留在脸上，对皮肤造成伤害。这种说法正确吗？防晒霜的确会给皮肤造成一定的负担，但是不是使用了就一定要卸妆呢？

①低SPF的纯化学防晒产品：这类产品的防晒系数低，里面的化学防晒剂种类不多，因此普通的洗脸奶就能轻松地清洁干净。②高SPF的纯化学防晒产品：为了保持防晒剂的稳定性，需要添加大量的极性油脂，因此肤感黏腻，皮肤泛白，不易清洗。但是普通的氨基酸洗面奶能轻松清洁这类防晒剂。③物理化学混合防晒产品：为了达到广谱防晒的效果，市面上多数防晒产品都是物理化学混合防晒霜。物理化学防晒产品中的氧化锌和硅油比化学防晒剂难清洗。氧化锌和硅油组合在一起，即使清洁后也会残留一种"油膜感"，但这种油膜成分对皮肤的伤害不大，因此普通的氨基酸洗面奶也可以将其清洗干净。如果实在不喜欢这种油膜感，可以在清洁前使用婴儿油按摩皮肤几分钟，再配合清洁产品清洗。④"摇摇乐"："摇摇乐"是将物理防晒做到极致的一种产品。它的原理是把大量的物理防晒剂均匀分散在配方体系中，一般用量很大才能起到很好的防晒作用。"摇摇乐"因为减少了油性溶剂的用量，所以肤感更加清爽，如果是非成膜性的"摇摇乐"，用普通的氨基酸洗面奶就可以清洁干净了。⑤纯物理防晒产品：纯物理防晒产品由于里面含大量的氧化锌、二氧化钛和硅油，清洁后很容易有白色残留物留在脸上。但这种残留物属于惰性物质，不易与皮肤发生反应，不会被皮肤吸收，如果皮肤屏障功能完整，最终残留物会随着皮肤的代谢而离开皮肤。实在不放心，在清洁前可以使用润肤油配合洗面奶进行清洁。⑥防水、防汗型防晒产品：这种类型的防晒产品由于里面有很强的成膜剂，油性溶剂比较多，普通的洗面奶无法清洗干净，此时就需要使用卸妆油辅助清洁。

防水、防汗型的防晒产品、纯物理防晒产品和成膜性强的产品，可以适当使用清洁能力强的卸妆油辅助清洁。其他防晒产品是不需要使用卸妆产品的，普通洗面奶就可以清洁干净。

卸妆油　　　　　　　　普通清洁产品

纯物理防晒霜　　　低SPF的纯化学防晒　　"摇摇乐"
防水防汗型防晒剂　高SPF的纯化学防晒　　物理化学混合防晒霜

"大油田"如何防晒不"闷痘"

"大油田"或"混合皮"对防晒产品又爱又恨，爱它是因为它能抵御紫外线；恨它是因为稍不留神，"痘痘"又"闷"出来了。那么"大油田"和"混合皮"就不能使用防晒产品了吗，怎么用防晒产品才能不"闷痘"？

其实，对"闷痘"现象，我们先不要急着"甩锅"给防晒产品，对于已经出现的"痘痘"，我们应该简单分析它产生的主要原因，比如下巴及口周的"痘痘"可能与过食甜食、肠道菌群失衡有关；额头的"痘痘"可能与熬夜、刘海遮挡、清洁产品残留有关；如果"痘痘"对称分布，大小均等，就要考虑是不是使用了不合适的护肤品。另外，护肤品中有一些成分可能导致"痘痘"，如棕榈酸异丙酯、肉豆蔻酸异丙酯或者其他合成酯类等。所以在选购护肤品时，我们要注意避开这些"坑"。

在了解"痘痘"产生的原因后，我们就会发现它与涂抹防晒产品没有直接关系，而且使用适合自己肤质的防晒产品，也不一定会"闷痘"。"大油田"不适合哪些防晒产品呢？比如防水、防汗强的防晒产品，封闭性好，长时间停留在皮肤上，就容易影响皮脂腺的正常分泌，导致"闷痘"。还有高倍数的纯化学防晒产品或物理化学混合防晒产品里加入大量的极性油脂和成膜剂会阻碍皮脂排泄的畅顺。

观点

因此，"大油田"尽可能选择"硬防晒"，也可以使用纯物理成分的防晒产品和质地相对清爽的防晒产品。对于已经出现的"痘痘"，切忌盲目挤压或者乱用药品，应及时就医。

涂抹防晒产品为何会出现"搓泥"现象

一涂防晒产品就出现"搓泥"现象，搓着搓着不仅把防晒产品搓没了，可能连乳液、精华也搓没了。不少人因为"搓泥"现象，放弃使用防晒产品。"搓泥"这个"锅"应该甩给谁呢？

涂了防晒产品产生的"搓泥"现象，一般是由于防晒产品中的粉（氧化锌、二氧化钛等）和护肤品里的高分子聚合物成分不兼容引起的。同时也与自身的皮肤状态、涂抹防晒产品时的手法有关。

不少人喜欢在脸上叠加各种不同品牌、配方体系不同的产品，最后再涂防晒产品，这个步骤其实没错，但不少精华、乳液或乳霜里面都含有卡波姆、黄原胶等增稠剂，高端一些的乳液里含有高分子的透明质酸，而防晒产品中的二氧化钛、氧化锌、硅粉等粉状物质碰上这些高分子聚合物，容易不兼容，从而出现"搓泥"现象。护肤品的吸收成膜需要一定时间，

如果涂了护肤品没有成膜又马上涂防晒霜，就会出现"搓泥"现象。

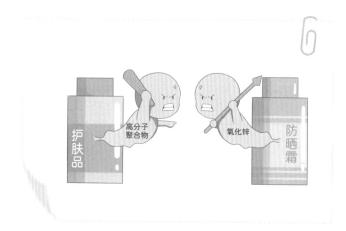

"搓泥"也跟自身皮肤状态有关，皮肤长期干燥，表面容易出现一些小鳞屑，而在涂抹防晒产品的时候，防晒产品很容易包裹住小鳞屑，从而"搓泥"。而"大油田"或"混合皮"由于自身皮脂分泌旺盛，防晒产品中的氧化锌，二氧化钛等粉状成分与油性物质不兼容，也会产生"搓泥"现象。

那我们该怎样解决"搓泥"问题呢？

首先，应该精简护肤，避免太多不同品牌的护肤品叠加使用，涂完精华乳液之后，可以等20分钟以上，让护肤品充分成膜，这样再涂防晒产品就不会"搓泥"了。质地黏稠的护肤品放在晚间使用，每涂一种护肤产品，稍等片刻，再使用另一种。

其次，涂抹防晒产品的手法要轻，忌讳拍打按压，也不能过度按摩，因为防晒产品需要在脸上成膜，错误的手法只会导致成膜剂不能均匀铺开，反而"搓泥"。

最后，分量多次涂抹防晒产品，一次使用过多，容易涂抹不均匀；少量多次涂抹，再配合轻柔的动作可以避免"搓泥"。最后还要把皮肤养护好，做好日常护肤工作，保持水油平衡。

这几个避免"搓泥"的小窍门你们学会了吗？如果还是觉得"搓泥"很麻烦，采用"硬防晒"会更好。

观点

怎么解决"搓泥"现象呢？答案就是精简护肤、手法轻柔、少量多次涂抹、做好日常护肤工作。

不同的防晒产品可以一起使用吗

为了增强防晒效果，很多人喜欢叠加不同的防晒产品，认为这样可以达到1+1＞2的效果。但实际真的如此吗？

SPF15+SPF15=SPF30吗？答案是"不一定"，同时也不推荐这样使用。就防晒成分来说，A成分是某一款防晒产品的主力军，B成分是另一款防晒产品的主力军，当A和B混合在一起的时候，它们之间可能会相互反应、相互内耗、相互抵消，不仅达不到1+1＞2的效果，可能连1+1＝2的效果也达不到。

另外，护肤品体系大致分成"水包油"和"油包水"两种结构，理论上很难将这两种成型的结构混合在一起。相同结

构的防晒产品可以叠加吗？理论上某些"水包油"结构的产品是可以混在一起的，但是意味着这个混合结构中，有一个产品的结构坍塌了，就好像大公司收购小公司，小公司失去自主权一样，还不如只涂抹一款防晒产品省心省力。

那如果将一款纯物理防晒产品和一款纯化学防晒产品一起使用，防晒功能是不是更加全面呢？答案同样是否定的。老虎和猫同样是猫科动物，但是老虎和猫在一起，会变成老虎猫吗？同样，如果将已经成型的物理防晒产品和化学防晒产品贸然地混合使用，也不会自动生成物理化学混合防晒产品。

你可以根据不同的场景在不同的时间段使用不同的防晒产品。比如，早上走路上学大约30分钟，可以用低倍数的防晒产品；上午10：00有体育课，可以补涂SPA的防晒产品。再如，涂了高倍数的防晒产品在海边玩了两个小时后准备回酒店大约需要30分钟，在路上也可补涂低倍数的防晒产品。

观点

掌握了防晒霜的原理，我们可以灵活地做出选择，而不是刻板运用防晒公式。

粉底液和防晒产品到底先涂哪一个

清洁→保湿→防晒→化妆，已经是公认的护肤流程了，可是大家有没有想过为什么防晒是护肤的最后一步，防晒能不能放在保湿之前呢？涂了防晒之后再化妆，会不会影响防晒效果呢？

大家有没有这样的经历：尽管涂了防晒又化了妆出门，回到家发现自己还是被晒黑了。在排除防晒的用量和用法没有出错的情况下，问题究竟出在哪里了呢？

其实涂了防晒产品后再化妆，这个顺序是错的。被粉底液盖住的防晒产品，其效果大打折扣。防晒产品之所以能够起到防晒效果，主要是因为它能在皮肤表面形成一层防晒膜，如果这时候我们再在脸上化妆，就等于把这层防晒膜覆盖掉，抵御紫外线的能力也就急速下降。

防晒产品　化妆品

物理防晒剂会在皮肤表面形成一层膜，通过这层膜把紫外线反射回去。如果我们在防晒产品上涂一层粉底液，就等于在镜子上涂了层石灰，破坏了原来的镜像反射，影响防晒产品的功效。

化学防晒剂是通过吸收紫外线转化成热能，再通过热辐射散发出去来实现防晒效果。这时再涂抹一层粉底液，就会严重降低防晒产品吸收紫外线的能力。

而且在化妆的过程中，涂抹、拍打等动作容易导致防晒成分被破坏，所以涂完防晒产品再抹粉底液，既不能很好地起到防晒作用，还会增加皮肤负担。

所以，我们要把爽肤水、乳液/霜、防晒产品/粉底液这三个不同功效的产品，有序地涂抹。清洁、保湿、防晒产品和粉底液二选一。

那防晒和化妆不能同时进行吗？其实，在化了妆后我们可以打遮阳伞，戴防晒口罩、防晒帽、防晒眼镜等，这样既能漂亮地出门，又能有效地防晒。

出汗后或户外游泳时用了防水防晒需要补涂吗

相信有不少人由这样的困惑：出汗后或游泳后还需要补涂防水防汗的防晒产品吗？既然防晒产品有防水、防汗的功效，补涂岂不是"多此一举"？

对于这种情况，首先要保证我们买的是防水、防汗型的防晒产品，这类产品的外包装会标注"防水""防汗""适合游泳等户外活动"等字样。

其次，防水、防汗型防晒产品虽然有防水、防汗的功能，但是有时间限制的。如果我们在户外长时间出汗，或者长时间游泳，最好每40~80分钟补涂一次防晒产品。

最好每隔40~80分钟补涂一次防晒产品

怎样从成分上看防晒产品防不防水？

防晒产品的防水能力主要通过油脂成分和成膜剂来实现。油脂包括各种油、脂、酯、蜡、烷、烯；成膜剂包括各种共聚物或交联聚合物，比如VP/十六碳烯共聚物、VP/二十碳烯共聚物、丙烯酸（酯）类共聚物、丙烯酸酯、丙烯酰胺共聚物等。这两种成分越多，防水能力越强。

可以用防晒喷雾或防晒散粉补涂吗

无论是防晒喷雾还是防晒散粉，只要是正规产品，防晒功能是可信的。但我们并不建议使用防晒喷雾或者防晒散粉作为防晒的第一选择，即使防晒喷雾或防晒散粉的防晒指数有SPF30、SPF50，如果在皮肤上的用量不能达到$2mg/cm^2$，那么防晒效果就会大打折扣。

但是，防晒喷雾或防晒散粉也并不是没有用武之地，它们可以作为补涂的备选。假如出门涂了防晒，化了漂亮的妆，接触紫外线的时间又不长，可以用防晒喷雾或防晒散粉辅助防晒。防晒喷雾还要注意正确的使用手法，避免对呼吸道健康造成损害。

如果防晒喷雾或防晒散粉使用量不能达到2mg/cm²，那么防晒效果就会大打折扣

假如接触紫外线的时间不长可以用防晒散粉或防晒喷雾辅助防晒

涂了防晒，能偶尔挠一下脸吗

防晒产品能起到防晒效果的关键是防晒剂在脸上形成的防晒膜。这层防晒膜有点娇嫩，遇水、遇汗容易分解，接触紫外线后防晒能力下降，即使是防水、防汗型的防晒产品，长时间接触水也经不住考验。如果我们脸上痒，挠一挠、戳一戳，这层膜会不会被破坏?

防晒产品形成防晒膜是需要时间的。现在的防晒产品技术比以前进步不少，防晒成膜从以前的20～30分钟，缩短至现在的3～5分钟。假设在这几分钟里，我们不停地挠脸，就会破坏成膜，影响防晒效果。但是如果已经成膜了，偶尔轻轻

戳一下、挠一下不会有太大的问题。

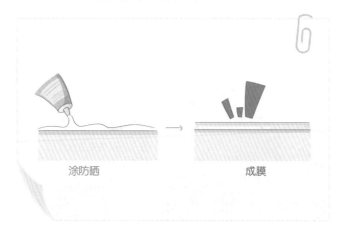

涂防晒 → 成膜

眼睛周围可以直接涂防晒产品吗

"鱼尾纹"的出现预示着皮肤真皮层的胶原蛋白开始流失、萎缩、失去支撑力。当我们的眼周开始出现细纹时，很多人的第一反应就是买眼霜护理，学习各种护理眼部皮肤的手法。但是仅仅涂抹眼霜就够了吗？紫外线引起的光老化才是"鱼尾纹"出现的关键因素。别忘了防晒是三大基础护肤动作之一，眼周皮肤的防晒同样不容忽视。

眼周皮肤和其他部位皮肤的生理结构不一样，它是全脸皮肤最薄的地方，厚度只有 0.3～0.5mm，皮下疏松结缔组织丰富，与面部其他部位比较，胶原蛋白机弹性纤维较少，肌肉支撑力薄弱，皮脂腺和汗腺非常少，因此眼周皮肤十分脆弱。面对紫外线的照射，如果没有长期的防晒措施，眼周皮肤光老化的速度是最快的。眼部防晒不仅为了保护眼周皮肤，更是为了保护眼球。紫外线可以直接穿透晶体和视网膜，引起晶体状老化型白内障和视网膜病变。

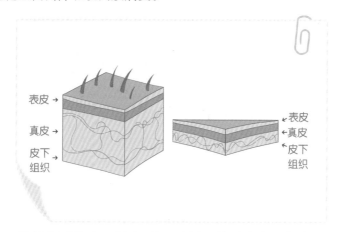

眼部防晒首选"硬防晒"。选择一款适合自己的防晒眼镜能有效地遮挡紫外线。怎样挑选防晒眼镜呢？第一，我们看产品是否有国家执行标准号和防晒标识；第二，尽量选购绿色镜片的防晒眼镜，因为只有绿色才可以完全屏蔽掉紫外线；第三，选择镜片面积大的、尽可能覆盖眼周皮肤的防晒眼镜。

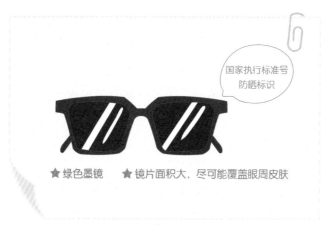

　　同样是"硬防晒"，我们可以选择宽檐的防晒帽或者遮阳伞吗？防晒帽和遮阳伞虽然也能有效遮挡紫外线，但由于紫外线能从不同角度照射我们的眼部，所以眼部"硬防晒"首选防晒眼镜。眼周的防晒产品，可以尽量挑选纯物理防晒产品，但要注意避免揉搓眼睛，防止防晒产品进入眼内。

　　也有人在眼部涂抹防晒后长脂肪粒，这个"锅"是防晒产品来背吗？真相到底是怎样的呢？

　　脂肪粒的产生往往是由于皮肤出现微小伤口，皮肤自我修复过程中，角蛋白过多堆积而成的，用针挑开会有一颗白色物质排出。脂肪粒的出现侧面说明了我们的眼周防晒工作不到位，皮肤被晒伤，产生了微小伤口。所以并不是防晒产品引起的脂肪粒，而是由于防晒产品没有涂抹到位，皮肤被晒伤了才产生的。

　　脂肪粒还有一位长相相似的"朋友"叫汗管瘤，它常常被大众误认为是脂肪粒。汗管瘤跟脂肪粒不一样，一般在下眼睑的内侧，对侧分布，针挑时没有东西排出。

身体防晒产品应该怎么清洗

　　随着防晒知识的科普，人们对防晒越来越重视，不仅关注面部防晒，也开始注重身体的防晒，尤其夏季去海边玩耍时，身体防晒产品的用量会明显激增。身体防晒应该如何清洁呢？

　　无论是身体防晒产品还是面部防晒产品，防晒剂、防晒技术和配方体系不会有太大区别，所以在清洁的原则上差异不大。如果只用面部的清洁产品去清洁身体防晒产品似乎有点浪费。事实上，现在上很多沐浴清洁产品的清洁力都不差，即使是防水能力很强的防晒霜，在普通的沐浴露面前，也是"纸老虎"。高SPA纯物理防晒霜清洁后容易残留油膜感，如果介意这种油膜感，可以在清洁前使用婴儿油，或用霍霍巴油涂抹身体几分钟，再配合沐浴产品进行清洁。

观点

普通的沐浴产品能很好地清洁身体防晒产品，如果防晒产品防水能力强，难以清洁，可以在清洁前配合婴儿油、卸妆油、卸妆膏等，再用沐浴产品清洁即可。

防晒产品一定要洗干净吗

夏季，如果不是长时间处在阳光下，没有出汗，也不下水，应该尽量避免使用高SPF的防晒产品。SPF30和SPF50的防晒产品之间的防护能力大约只差1.3%，不过如果出门旅游、去海边、去高原地区还是需要使用高SPA的防晒产品。

高SPA的防晒产品总是很难清洁，如果清洗不干净，会不会伤害我们的皮肤呢？

这取决于我们的皮肤屏障功能。假设我们的皮肤屏障功能是完整的，这些残留物质最终会跟随着皮肤的正常代谢而离开皮肤，而且氧化锌及硅油是属于惰性物质，不易与皮肤发生反应，所以不会对皮肤造成伤害。

　　虽然这种残留物不会伤害皮肤，但是由于"大油田"的皮脂分泌旺盛，这些残留物会堵塞毛囊，影响皮脂正常排出，从而产生"痘痘"。其实我们可以在清洁前用含有优质矿物油的婴儿油在脸上涂抹几分钟，再用清洁产品清洗。这样就可以很好地去除残留物了。

残留物随着皮肤正常代谢离开皮肤

残留物堵塞毛孔

含有优质矿物油的婴儿油　　清洁产品

学车时涂了防晒霜为什么还会被晒黑

学车令人烦恼的不是侧方停车停不进，也不是S型转弯压线，而是明明涂了足够量的防晒霜、明明坐在车里，为什么还是被晒黑了？

紫外线的UVA、UVB、UVC中，UVA的波长是最长的，它的穿透力也是最强的。当UVA照射进真皮层时，皮肤会通过生成转运黑色素来抵御紫外线，可见，UVA是引起我们晒黑的"元凶"。

夏季气温高，车内环境闷热，人容易出汗流汗，防晒霜遇水流失，防晒效果就大打折扣了。还有的朋友虽然穿了长袖、戴了帽子，但衣物原料或者颜色无法完全阻挡紫外线中的UVA，同样也会被晒黑。

如果已经被晒黑了，还有办法补救吗？首先，继续做好防晒，因为防晒是美白的第一步，不要因为已经被晒黑了就放弃防晒。

其次，可以适当使用一些美白产品，比如熊果苷、维生

素C、曲酸、壬二酸等成分可以抑制络氨酸酶的活性；烟酰胺可以抑制黑色素的转移；果酸、水杨酸、维生素A酸可以加快角质细胞脱落，起到美白效果。同时，紫外线也会让皮肤产生自由基，要适当使用一些抗氧化产品更好地修复被晒黑的皮肤。

最后，美白不是一蹴而就的，接受夏季皮肤黑一点很正常。过度使用美白产品有可能成为皮肤敏感的"帮凶"。

其实黄种人皮肤黑是一种很好的自我保护，黄种人和黑种人患皮肤癌的概率比白种人低很多。

为何涂上防晒一脸油光

如果你属于皮脂腺发达、油脂分泌旺盛的"大油皮"或者"混油皮"，即使不涂抹防晒化妆品，也很容易满脸油光。所以油性皮肤的朋友在护肤时应该尽量选择清爽型的防晒产品，避免使用质地油腻的保湿类护肤品和高倍数的防晒化妆品。

如果你的皮肤不爱出油，但涂了防晒之后却满脸油光，那就要考虑是不是在涂防晒之前还抹了很多其他护肤品，又没有等它们成膜，所以才造成这些与防晒产品不相容，产生过多的油脂。

如果你既不是油性皮肤也没有同时使用多种护肤产品，但涂了防晒仍然满脸油光，就要考虑是不是防晒本身的问题了。通常"油光感"是在使用高倍数的防晒时产生的。因为高倍数的防晒添加了很多极性油脂来溶解和分散防晒剂，造成油腻感上升。

自身是油性皮肤、护肤手法、防晒产品都有可能让人一涂上防晒产品就显得很油

防晒化妆品开封多久才变质

不知大家是否听过这种说法，防晒化妆品开封后要半年内用完，否则容易氧化滋生细菌，配方体系散架，防晒失效……这种说法对吗？

防晒化妆品的研发比其他化妆品复杂、困难。国家审批一款防晒化妆品除了考虑成分的安全性，也会审核它的稳定性和保质期。虽然每个国家对防晒化妆品的保质期规定不同，但通用的使用期限一般是2～3年。在产品上市前，厂家通过人为的手段，在防晒化妆品中添加大量的微生物以考察其防腐能力。因此，国家审批过关、批准上市的防晒化妆品，其防腐能力是可靠的。所以我们开封使用防晒化妆品后，及时盖好盖子，避免防晒化妆品长时间暴露空气中，微生物一般不会超标。

有些产品会在外包装上标注使用期限，比如6M代表开封后要在6个月内用完。所以我们要注意看不同防晒化妆品的保质期、生产日期、保存环境。避光、常温、密封环境下，开封时间长一点儿也是没有问题的。

从配方角度来说，防晒化妆品的保质期主要取决于三个方面：化学稳定性、物理稳定性、生物稳定性。

化学稳定性指的是：原本无气味的物质，不能有气味；本来白色液体，不能变成黄色。物理防晒剂常用的有二氧化锌、氧化钛。这类防晒剂的性质稳定、惰性高，即使接触空气，或者被高温照射后，也能保持稳定。所以物理防晒剂开封后，不存在氧化分解，防晒能力失效的说法。化学防晒剂虽然存在不稳定性，但前提是因为接触了紫外线，而不是氧气。不过现在有了新的技术，让化学防晒剂的光不稳定性大大降低，所以只要不把化学防晒剂长期暴露在阳光下，开封半年后还能继续使用。

物理稳定性指的是：原本呈膏状质地，不会变成液状；原本呈液状的，不会水油分离。物理稳定性直接影响防晒化妆品的成膜性和防晒效果。一款防晒化妆品在上市前，会在实验室里经历各种极端环境的测试，以保证产品的物理稳定性。所以正规厂家生产的防晒化妆品，在正常环境使用，即使开封超过半年，问题也不大。但是，如果开封后出现分层、水油分离等状况时，就不要再使用了。

生物稳定性指的是：开封后产品的细菌、霉菌不能超过国家的安全规定。

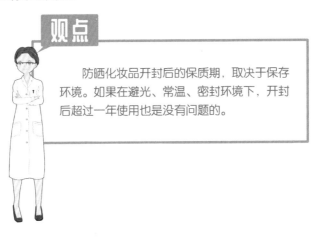

观点

防晒化妆品开封后的保质期，取决于保存环境。如果在避光、常温、密封环境下，开封后超过一年使用也是没有问题的。

婴儿油可以用来卸防晒化妆品吗

婴儿油为什么能够卸掉高 SPA 的或者防水型的防晒产品呢？其实就是利用"以油融油"的原理。婴儿油里面含有较多的油性成分，当防晒化妆品遇到婴儿油时，防晒化妆品里的油性成分就会与婴儿油里的油性成分"抱团"，以此降低防晒化妆品对皮肤的黏着度，再用洗面奶清洁就很容易。

但不是所有的婴儿油都能用来卸妆，只有含高纯度矿物

油的婴儿油才能用来卸防晒化妆品，用植物油有可能适得其反，诱发"痘痘"。利用婴儿油卸妆只能带走表皮的防晒化妆品，而不能滋养皮肤。

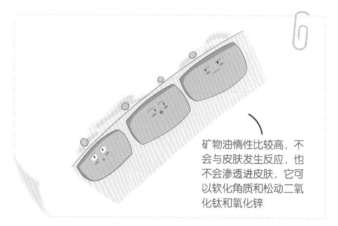

矿物油惰性比较高，不会与皮肤发生反应，也不会渗透进皮肤，它可以软化角质和松动二氧化钛和氧化锌

怎样利用婴儿油卸防晒化妆品呢？把婴儿油均匀涂在脸上，停留3～5分钟，同时轻轻按摩，然后用洗面奶清洗就可以了。

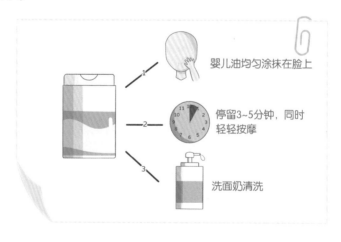

婴儿油均匀涂抹在脸上

停留3~5分钟，同时轻轻按摩

洗面奶清洗

防晒辟谣

涂防晒产品前要先涂隔离霜吗

"隔离"这一个词在彩妆界占据了无比重要的地位。白种人的肤质大多比同龄黄种人的皮肤干燥、粗糙。所以，白种人直接涂粉底液，很容易浮粉、卡粉。为了改善这一问题，白种人生产了保湿乳霜来增加皮肤的湿润度，也就是妆前乳。

目前市面上常见的隔离霜有的添加了一些防晒剂，有防晒的效果；有的添加了一些着色剂，有润色亮肤的效果；有的添加了一些油脂和保湿剂，具有保湿的功效；还有一些添加了硅石、滑石粉，视觉上抚平细纹，让皮肤摸上去顺滑的。但问题来了，为什么我们不能用隔离霜代替防晒产品呢？

理论上，只要是正规厂家生产的防晒产品，防晒指数都是经过严格的防晒测试，防晒值是可信的，但防晒产品的用量其实比防晒指数更重要。在使用防晒产品时，一些人很难达到防晒产品的标准用量，更何况使用倍数更低的隔离产品。现在的隔离产品普遍具有遮瑕修色的功效，成分除了添加二氧化钛外，还特意添加无机着色颜料，譬如常用的氧化铁红、氧化铁黑等，即成分表中C177491、C177492等类似的标识。由于料

体颜色更深，使用时不可能大量涂在脸上，用量自然比防晒产品更少。用量不足，防晒效果就打折扣了。

防晒效果很好   润色亮肤   保湿不错   皮肤摸上去很顺滑

隔离霜   隔离霜   隔离霜   隔离霜

添加防晒剂   添加着色剂   添加油脂保湿剂   添加硅石滑石粉

同样的道理，现在市面上标有防晒指数的 BB 霜、CC 霜、素颜霜等，都是防晒效果甚微的产品，胜在卖点全面，更适合化妆时使用。所以，可以将隔离霜用于紫外线辐射度不强的时间段，作为防晒产品的补充，相比真正的防晒霜，隔离霜不易卡粉。

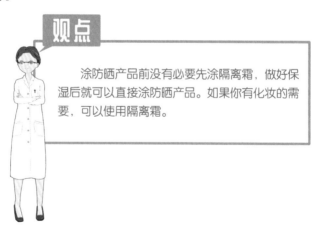

观点

涂防晒产品前没有必要先涂隔离霜，做好保湿后就可以直接涂防晒产品。如果你有化妆的需要，可以使用隔离霜。

防晒喷雾为何屡屡爆出问题

防晒喷雾可谓是近几年防晒产品中"大热门"之一，商家们抓住消费者"怕麻烦、想省时、图方便"的心理，推出了懒人防晒神器——防晒喷雾。它刚面市就席卷防晒市场，获得不少消费者的追捧，但随之而来的问题也屡屡出现：喷了依然会被晒黑、晒伤，喷头堵塞，影响呼吸道健康……为什么防晒喷雾会有这么多问题呢？

防晒喷雾发明的初衷是为了迎合欧美人"美黑"的习惯。他们有空就去海边晒日光浴，如果经常拿着防晒霜补涂会很麻烦，所以把防晒霜做成喷雾的形式，补涂时只需要喷一下，就省事很多。防晒喷雾是为了方便补涂而诞生的。

从成分上分析，防晒喷雾多数由化学防晒剂组成，因为使用物理防晒剂会导致堵塞喷头或者成分沉底，使用不便。另外，防晒喷雾的剂型也限制了成分选择，为了让防晒成分能被喷洒出来，配方里就不得不添加大量的溶剂和气体推进剂，这会使有效的防晒剂比例大大减少。

从用量上分析，一款防晒产品要达到防晒效果，用量必须达到 $2mg/cm^2$。用量不够效果就会打折，而防晒喷雾中的非防晒成分较多，如果要达到标准用量，就必须喷够时间。而且，喷雾使用的手法不准确，很难在脸上均匀成膜。

如果使用了质量不好的防晒喷雾，近距离往脸上喷，容易误吸防晒剂成分，久而久之得硅沉着病的概率可能会增加。

 观点

不建议把防晒喷雾作为防晒产品的首选，但可以作为补涂产品。在使用防晒喷雾时需要掌握技巧：先喷在手上然后再往脸上喷，喷时屏住呼吸，伸出侧脸，避免直接正对脸直喷。

抗糖化能延缓衰老吗

衰老和糖分有什么关系呢？明明糖分是我们生命活动的重要能量来源之一，不吃糖真的可以抗衰老吗？

人体的血糖有一个正常的波动范围，当我们吃进含有糖分的食物，血糖就像坐火箭一样往上飙升。此时，身体的胰岛素感受到了血糖平衡被扰乱，开始大量分泌胰岛素细胞来控制血糖。但是，胰岛素细胞分泌胰岛素的能力是有限的，面对大量糖分的"入侵"，胰岛素不可能一一处理掉，它们一部分转化成脂肪，另一部分会到处结合别的物质，皮肤里的胶原蛋白就是他们最喜欢的结合对象。

当糖分和胶原蛋白在一起时，就会产生一种劣质蛋白质——金属基质蛋白酶（AGEs）。AGEs会和附近没变成AGEs的胶原蛋白不断交联，导致胶原蛋白失去弹性，皮肤因此变得松弛粗糙、皱纹增多，肤色晦暗无光，看起来很衰老。如果把人体比作一个37℃左右的烤箱，皮肤比作一块五花肉，本来富含弹性的五花肉一旦刷上了蜜糖，在烤箱不断地烘烤下，就会慢慢变成焦糖五花肉，黄黄黑黑，缺乏弹性。

少吃糖的确可以一定程度上延缓衰老，但这需要长期坚持。AEGs的合成是不可逆的，衰老也是不可逆的。大量的糖分涌进身体，能短暂地分泌多巴胺，但瞬间快乐的背后，却是以牺牲皮肤胶原蛋白、加速衰老、加速肥胖为代价，究竟值不值得呢？

不过，完全不吃含有糖分的食物也是不行的，会引起营养不良。如果想要控制糖的摄入量，可以减少摄入精制类碳水化合物的食物，譬如白米，面条等，加大杂粮的摄入。同时，减少水果的摄入。

防晒产品对孕妇有害吗

妊娠期对于每一位女性都是一个极其特殊的时期。担心涂抹防晒产品会渗透至血液里，影响胎儿发育，很多孕妇放弃了基础护肤，包括防晒。因此，不少商家推出了"孕妇专用化妆品"。那么，孕妇究竟能不能使用这些"孕妇类"化妆品呢？根据我国《化妆品卫生管理条例》，化妆品分为特殊用途化妆品和非特殊用途化妆品。所以没有"孕妇专用化妆品"这个类别和概念。

孕妇在孕期内的生理结构变得特殊，整个机体的代谢升高，皮肤的被动吸收也变得相对容易，因此一部分孕妇的皮肤屏障功能可能会减弱。普通人的皮肤会吸收一部分化学防晒剂，给皮肤造成负担和风险，孕妇的风险则更大。因此孕妇应尽量避免使用含有化学防晒剂的防晒产品，可以使用纯物理防晒剂和含有生物抗氧化成分的防晒产品。正规商家生产的防晒产品外包装上会标明这些成分。

观点

孕期防晒的确需要谨慎一些，但也不是要大家放弃基础护肤，放弃防晒。我们建议孕妇使用"硬防晒"，或者选择紫外线不强的时间段进行户外活动。

抗蓝光化妆品是在缴"智商税"吗

这几年抗蓝光产品很火。但有研究表明,抗蓝光成分根本不能添加进护肤品里。

蓝光属于可见光,是自然光里七种颜色之一,它的波长为400~500nm,跟紫外线中的UVA很接近。广义上讲,光波也是一种辐射。目前蓝光来源有手机、电脑等电子产品,但实际上,皮肤接受的蓝光辐射90%来自太阳光。

蓝光虽说对皮肤有伤害,但是同样对身体有治疗作用。在目前的临床中,蓝光可以用来治疗痤疮。它可以被痤疮丙酸杆菌产生的卟啉吸收,产生活性氧,起到杀灭痤疮丙酸杆菌的作用。可见,蓝光是一把双刃剑,既能辅助治疗皮肤疾病,但也能对皮肤造成伤害。

观点

长期暴露在电子产品前的朋友,可以佩戴防蓝光眼镜,也可以降低屏幕蓝光的量值。